张英伯 主编

美妙数学花园 3

Meimiao Shuxue Huayuan

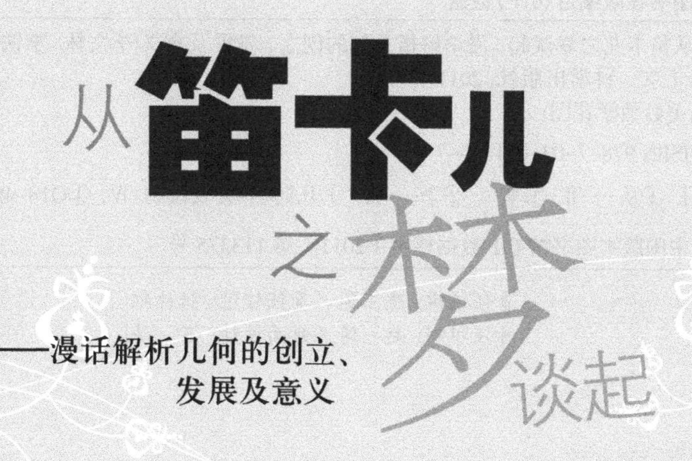

从笛卡儿之梦谈起

——漫话解析几何的创立、发展及意义

李文林 李铁安 著

科学出版社

北京

内 容 简 介

本书从科学史上有名的笛卡儿之梦说起，简明而且系统地介绍了作为近代数学兴起标志之一的解析几何的诞生与发展过程，论述了解析几何在人类文明进步中的作用，揭示了笛卡儿创立解析几何的文化内涵.

本书史料翔实生动，内容深入浅出，可供广大读者了解解析几何的历史、实质及意义，同时也可作为大、中学校解析几何教学的参考用书.

图书在版编目(CIP)数据

从笛卡儿之梦谈起：漫话解析几何的创立、发展及意义/李文林，李铁安著.
—北京：科学出版社，2011
(美妙数学花园)

ISBN 978-7-03-031555-7

I. ①从… II. ①李… ②李… III. ①几何学–普及读物 IV. ①O18-49

中国版本图书馆 CIP 数据核字（2011）第 113375 号

责任编辑：陈玉琢 / 责任校对：张林红
责任印制：赵 博 / 封面设计：王 浩

科学出版社 出版
北京东黄城根北街 16 号
邮政编码：100717
http://www.sciencep.com

三河市春园印刷有限公司印刷
科学出版社发行 各地新华书店经销
*
2011 年 6 月第 一 版 开本：B5(720 × 1000)
2025 年 2 月第六次印刷 印张：6 3/4
字数：51 000

定价：38.00 元
(如有印装质量问题，我社负责调换)

《美妙数学花园》丛书序

今天, 人类社会已经从渔猎时代、农耕时代、工业时代, 发展到信息时代. 科学技术的巨大成就, 为人类带来了丰富的物质财富和越来越美好的生活. 而信息时代高度发达的科学技术的基础, 本质上是数学科学.

自从人类社会建立了现行的学校教育体制, 语文和数学就是中小学两门最主要的课程. 如果说文学因为民族的差异各个国家之间有很大的不同, 那么数学在世界上所有的国家都是一致的, 仅有教学深浅、课本编排的不同.

我国在清末民初时期西学东渐, 逐步从私塾教育过渡到现代的学校教育, 一直十分重视数学教育. 我国从清朝与近代科技完全隔绝的情况下起步, 迅速学习了西方的科学文化. 在 20 世纪前半叶短短的几十年间, 在我们自己的小学、中学、大学毕业, 然后留学欧美的学生当中, 不仅产生了一批社会科学方面的大师, 而且

产生了数学、物理学等自然科学领域对学科发展做出了重大贡献的享誉世界的科学家. 他们的成就表明, 有着五千年灿烂文化的中华民族是有能力在科学技术领域达到世界先进水平的.

在 20 世纪五六十年代, 为了选拔和培养拔尖的数学人才, 华罗庚与当时中国的许多知名数学家一道, 学习苏联的经验, 提倡和组织了数学竞赛. 数学家们为中学生举办了专题讲座, 并且在讲座的基础上出版了一套面向中学生的《数学小丛书》. 当年爱好数学的中学生十分喜爱这套丛书. 在经历过那个时代的科学院院士和各个大学的数学教授当中, 几乎所有的人都读过这套丛书.

诚然, 我国目前的数学竞赛和数学教育由于体制的问题备遭诟病. 但是我们相信, 成长在信息时代的今天的中学生, 会有更多的孩子热爱数学; 置身于社会转型时期的中学里, 会有更多的数学教师渴望培养出优秀的科技人才.

数学家能够为中学生和中学教师做些什么呢? 数学本身是美好的, 就像一个美丽的花园. 这个花园很大,我们并不能走遍她, 完全地了解她. 但是我们仍然愿意将自己心目中美好的数学, 将我们对数学的点滴领悟, 写给喜爱数学的中学生和数学老师们.

张英伯

2011 年 5 月

楔子：笛卡儿之梦

大约四百年前一个冬天的夜晚, 德国乌尔姆多瑙河畔的一座军营平静安宁. 正在服兵役的 23 岁的法国青年笛卡儿 (Rene Descartes, 1596~1650)(图 0.1) 做了一串奇特的梦.

图 0.1　笛卡儿

梦之一: 笛卡儿被一阵狂风从居住的教堂 (或学院) 吹落到遥远的地方;

梦之二: 接着雷电轰鸣, 烈火熊熊, 笛卡儿发现自己正用不带迷信的科学的眼光观察着汹涌的风暴, 他注意到一旦看出风暴是怎么回事, 它就不能伤害他了;

梦之三: 狂风烈焰之后, 万籁俱静, 笛卡儿开始朗诵奥索尼厄斯 (Ausonius) 的诗句, 首句为 "我将遵循什么样的生活道路?" 与此同时, 一位陌生人向笛卡儿指点迷津. 笛卡儿从梦中醒来, 陷入了沉思……

这就是科学史上有名的笛卡儿之梦. 笛卡儿回忆说, 他在这个梦境中一直充满着 "激情", 并说, 梦境向他揭示了一把神奇的钥匙, 这把钥匙能打开自然的宝库. 这把神奇的钥匙是什么呢? 笛卡儿自己并没有明确地告诉任何人. 笛卡儿后来还说这三个梦引导了 "一门奇特的科学" 和 "一项惊人的发现". 笛卡儿所说的 "奇特的科学" 和 "惊人的发现" 究竟是什么呢? 他本人也从未进一步作过解释. 尽管如此, 这三个梦后来成为每本介绍解析几何诞生的著作必提的佳话.

目 录

美妙数学花园
从笛卡儿之梦谈起

第1章…………

创 立 篇

1.1 历史渊源

解析几何学是人类最重要的数学成就之一, 在数学史上具有划时代的意义. 解析几何学的中心思想是 "数形结合": 通过引进 "坐标" 的概念, 使曲线、曲面等几何对象与代数方程相互对应. 于是几何问题便可归结为代数问题, 反过来对代数问题的研究可以进行几何解释, 引导新的几何结果.

解析几何学的建立是变量数学的第一个里程碑, 它直接导致了 "人类精神的最高胜利"—— 微积分的产生, 因而与微积分一起被认为是近现代数学兴起的两大标志.

在数学史上, 法国数学家笛卡儿和费马 (Pierre de Fermat, 1601~1665) 被认为是解析几何学的共同创始人. 不过, 像一切重大的数学创新一样, 解析几何学的诞生也不是偶然的,而是具有悠久的历史渊源.在笛卡儿和费马之前,历代学者对解析几何的要素——坐标概念和数形结合思想陆续分别有所接触、探索和积累.

坐标表示的萌芽可以追溯到久远的年代.早在公元前 2000 年,美索不达米亚地区的古巴比伦人已经能够用数字表示一点到另一固定点、直线或物体的距离;古埃及人也利用类似的思想测量土地.

在古希腊,公元前 4 世纪中叶,数学家门奈赫莫斯发现了圆锥截线;公元前 3 世纪几何学家阿波罗尼奥斯 (Apollonius of Perga, 约公元前 262~ 前 190)(图 1.1) 则在全面论述圆锥曲线性质时采用过一种"坐标",以圆锥体底面的直径作为横坐标,过顶点的垂线作为纵坐标.

图 1.1 阿波罗尼奥斯

公元前 4 世纪, 中国战国时代天文学家石申在绘制恒星方位表时利用了坐标想法, 这与稍晚的希腊天文学家希帕霍斯 (公元前 2 世纪) 绘制恒星图表时采用经纬度表示星的位置可谓不约而同. 中国汉代女学者班昭续修《汉书》, 造八表. 她在《古今人表》中, 把 1587 个传说人物和历史人物的名字, 按其自己规定的 9 个品德表现等级, 排列在矩形网格中, 实质上是用一轴代表年代, 另一轴表示人物的品德.

数与形的相互渗透也是古已有之. 毕达哥拉斯 (Pythagoras, 约公元前 572~ 前 497)(图 1.2) 学派的信条是 "万物皆数". 毕达哥拉斯学派关于 "形数" 的研究, 强烈地反映了他们将数作为几何思维元素的精神. 例如, 3,6,10,15

图 1.2 毕达哥拉斯

之类的数, 或一般地, 由

$$N = 1 + 2 + 3 + \cdots + n = \frac{n(n+1)}{2}$$

给出的数称为三角形数, 它们可以用某种三角点式来表示 (图 1.3(a)); 由序列

$$N = 1 + 3 + 5 + \cdots + (2n - 1)$$

形成一系列正方形数 (图 1.3(b)); 五边形数 (图 1.3(c)) 和六边形数 (图 1.3(d)) 分别由序列

$$N = 1 + 4 + 7 + \cdots + (3n - 2) = \frac{n(3n-1)}{2}$$

和

$$N = 1 + 5 + 9 + \cdots + (4n - 3) = 2n^2 - n$$

得到, 这是一些高阶等差序列. 用同样的方式可以定义所有的多边形数. 这一过程还可以推广到三维空间去构造多面体数. "形数" 体现了数与形的结合.

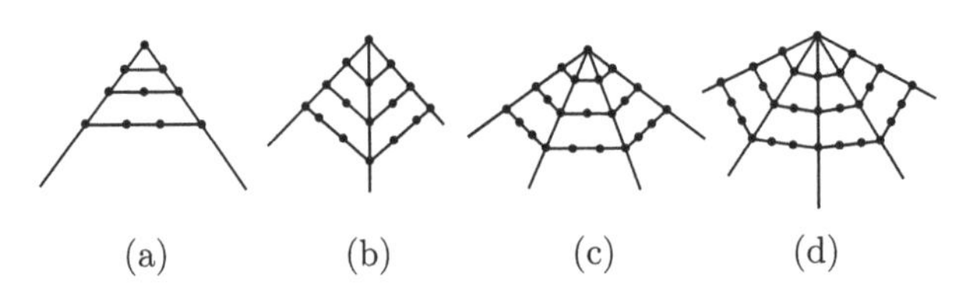

图 1.3　形数

在希腊古典数学鼎盛的亚力山大时期,欧几里得的著作《原本》开创了几何论证的黄金时代. 在《原本》中,代数问题均以几何形式处理,被称为“几何代数”.

中世纪中国数学则是以求解方程为主线. 几何问题都归结为代数方程,然后用程式化的算法来求解. 仅举数例. 例如,李冶《测圆海镜》(1248 年) 卷七第二题:

“假令有圆城一所,不知周径,四面开门. 或问丙出南门直行一百三十五步而立,甲出东门直行一十六步见之,问径几里?”

李冶的做法是设圆城 (半) 径为 x(图 1.4),根据假设条件导出方程

$$-x^4 + 8640x^2 + 652320x + 4665600 = 0,$$

并解得 x =120.

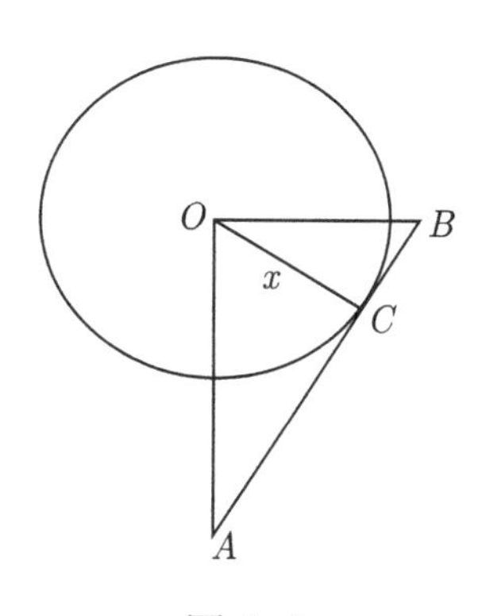

图 1.4

又如,朱世杰《四元玉鉴》(1303年)(图1.5)卷首4个示范性问题之一“三才运元”:

“今有股弦较除弦和和与直积等,只云勾弦较除弦较和与勾同,问弦几何?”

图 1.5 《四元玉鉴》书影

在直角三角形中,设勾为 x,股为 y,弦为 z,则题中所谓“股弦较”为 $z-y$,“弦和和”为 $z+(x+y)$,“直积”为 xy,“勾弦较”为 $z-x$,“弦较和”为 $z+(y-x)$. 依题意得

$$[z+(x+y)]\div(z-y)=xy$$

和

$$[z+(y-x)]\div(z-x)=x.$$

于是便导出一个三元方程组

$$\begin{cases} xyz - xy^2 - z - x - y = 0, \\ xz - x^2 - z - y + x = 0, \\ z^2 - x^2 - y^2 = 0. \end{cases}$$

朱世杰运用消元技巧依次消去未知数 y, x, 最后得到一个只含有 z 的四次方程

$$z^4 - 6z^3 + 4z^2 + 6z - 5 = 0.$$

朱世杰解出上述方程的一个正根

$$z = 5.$$

这种将几何问题转化为代数方程求解的例子, 在宋元数学著作中比比皆是, 充分反映了中世纪中国数学几何代数化的倾向.

中世纪印度与阿拉伯数学也具有类似的几何代数化倾向. 这种倾向在文艺复兴前夕传播到欧洲, 对欧洲数学的发展产生了深刻影响. 例如, 文艺复兴酝酿时期, 欧洲数学的代表性人物斐波那契 (Leonardo Fibonacci, 约 1170~ 约 1250)(图 1.6) 的著作《几何实用》等就用代数方法去解决几何问题.

图 1.6　斐波那契

14 世纪法国数学家奥雷姆 (Nicole Oresme, 约 1320~1382) (图 1.7) 可谓是解析几何学的先驱. 他的工作可以说蕴涵了函数概念及函数图示法的萌芽. 在研究抛体运动时, 奥雷姆设想用图形表示一个可变的值, 并让这个量依赖于另一个量, 他详细地分析了匀加速物体的运动, 如图 1.8 所示, 用一条水平直线 (相当于现在的横坐标轴) 表示时间 (即时间坐标), 直线上每一个点代表一个时刻. 每一个时刻对应着一个速度, 该速度可用一条垂直于此点的线段来代表, 其长度正比于速度的大小. 用线段表示一种量是依照希腊人的习惯, 速度随着时间均匀地增大, 因此, 线段的长度也均匀地增长, 它的端点就构成一条直线. 这条直线和水平直线, 再加上表示初速、末速的线段围成一个梯形. 例如初速为 0, 则形成一个 $\triangle OtA$(图 1.8).

图 1.7 奥雷姆

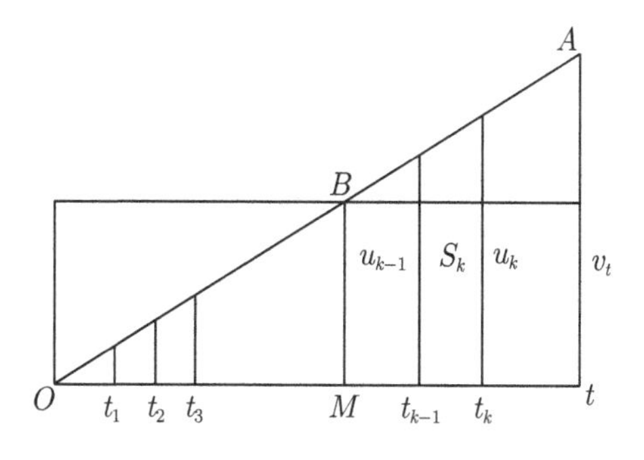

图 1.8

奥雷姆指出, 三角形的面积等于物体在时间 t 内经过的路程. 在时间中点 M 处的速度是末速度的一半, 即平均速度, 三角形面积就等于以同样的时间 t 为底, 平均速度为高的矩形面积. 猜想他已有粗浅的积分思想, 实际已使用了瞬时速度这个概念. 试将 $[0,t]$ 用分点 $0<t_1<t_2<\cdots<t_{k-1}<t_k<\cdots<t_n=t$ 等分为 n 个子区间, 取出一个很小的时间段 $\Delta t=t_k-t_{k-1}$, 它所对应的细长梯形的上、下底 u_{k-1},u_k 差不多相等, 每一个都可以作为平均速度, 再乘以 Δt 就得到梯形面积 S_k 的近似值. 所有这些 S_k 的总和等于三角形的面积, 也就是物体走过的全程. 当然, 奥雷姆并没有明显地表达上面的推理.

奥雷姆在《论形态幅度》这部著作中提出了形态幅度原理 (或称为图线原理). "图线" 是奥雷姆为研究 "质" 的 "强度" 的变化与变化率而引进的概念, 其思想已接触到在直角坐标系中用曲线表示函数的图像, 他也借用了 "经度" 和 "纬度" 的地理学术语来叙述图示法, 其中经度相当于现代的横坐标, 纬度相当于纵坐标. 对此, 他在《论形态幅度》中作了如下论述:

(1) 一个点的质可以用一条线表示, 因为它仅有一个

维度, 即强度;

(2) 线的质可以用面表示, 其中经度为物体的直线性广度, 而纬度为其强度, 此强度由物体经度线上作的垂线表示;

(3) 面的质可以用体表示, 体的长和宽为面的广度, 体的深是质的强度.

然而, 他的图线概念是模糊的, 至多是一种图表, 还未形成清晰的坐标与函数图象的概念.

16 世纪末, 法国数学家韦达 (Francois Viète, 1540~1603)(图 1.9) 明确提出了用代数方法解决几何问题的想

图 1.9　韦达

法. 他在代数专著《分析五篇》(1593 年出版) 和几何专著中都使用代数方法研究几何问题, 其代表成果是圆满解决了阿波罗尼奥斯几何作图相关问题. 韦达的思想无疑给解析几何的创立以很大启发.

17 世纪初, 科学探索的实际需求也从客观上促进了解析几何的建立. 德国天文学家开普勒 (Johannes Kepler, 1571~1630) 发现行星运动三大规律, 意大利物理学家伽利略 (Galileo Galilei , 1564~1642) 研究抛射体的运动轨迹, 这些都日益迫切地要求数学提供描述运动与变化的基本工具.

综上说明, 解析几何的思想源远流长. 从宏观上说, 古希腊数学家开创了以证明定理为中心的几何传统. 在这一传统中, 代数问题也以几何形式出现和解决. 中世纪东方数学则以解方程为主线, 几何问题通常被归结为代数方程来解决. 数学发展的这两大传统或倾向在文艺复兴时期的交汇碰撞, 使得解析几何的诞生成为历史的必然. 就此而言, 笛卡儿和费马是两位最重要的弄潮儿.

1.2　笛卡儿发明解析几何了吗

笛卡儿生前发表的唯一的数学著作是《几何学》,

正是这部《几何学》，使笛卡儿以解析几何的创始人彪炳于数学史. 然而，读遍笛卡儿的《几何学》，既找不到"解析几何"这一名称，甚至连"坐标"这个词也从未出现. 那么，笛卡儿果真发明解析几何了吗？

下面来看笛卡儿的《几何学》原著.

《几何学》第一卷开宗明义，在任意选取单位线段的基础上定义了线段的加、减、乘、除、乘方、开方等算术运算，从而使"在几何中使用算术符号"成为可能. 笛卡儿指出，借助于这些算术符号，可以将几何问题化为代数方程，"利用方程来解决各种问题". 在讨论了最简单的且可以化为一、二次方程的问题 (笛卡儿称之为平面问题) 之后，笛卡儿给出了一个"帕普斯的例子"，即如下著名的帕普斯问题：

设在平面上给定三条直线 l_1, l_2, l_3，过平面上的点 C 作三条直线分别与 l_1, l_2, l_3 相交于 P, Q, R，交角分别等于已知角 $\alpha_1, \alpha_2, \alpha_3$，求满足关系 $CP \cdot CQ = kCR^2$ (k 为常数) 的点 C 的轨迹；如果给定 4 条直线 (图 1.10)，则求使 $CP \cdot CQ = kCR \cdot CS$ 的点 C 的轨迹.

笛卡儿在《几何学》第二卷中给出了解答，他的解法的大致步骤 (对四线问题而言) 如下：

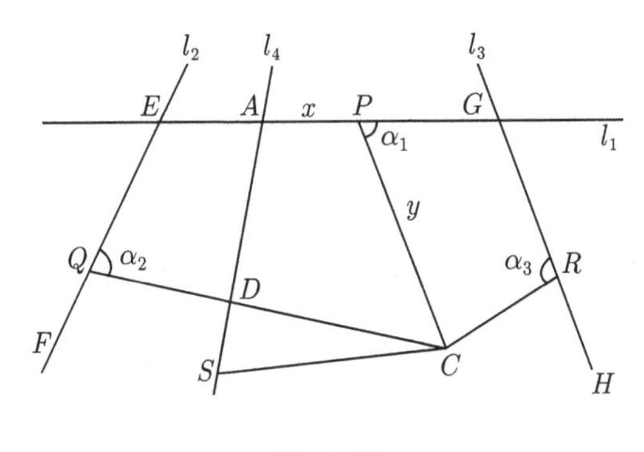

图 1.10

(1) 设所求点 C 已经找出, 将 AP 记为 x, CP 记为 y;

(2) 根据三角形的边角关系, 将 CR, CS 及 CQ 用 x, y 表示出来;

(3) 代入关系式 $CP\cdot CQ = CR\cdot CS$(设 k 为 1), 经整理就得到了满足帕普斯问题的 C 的轨迹方程 $y^2 = ay + bxy + cx + dx^2$ (其中 a, b, c, d 是由已知量组成的简单代数式). 这是一个二次方程, 笛卡儿讨论了它表示的轨迹的各种可能情形, 指出仅有直线、圆、椭圆、双曲线和抛物线.

这里可以看出, 笛卡儿的做法是选定一条线 AG 作为基线 (图 1.10), 以点 A 为原点, x 的值是基线上的长度, 从 A 量起; y 值是一个线段的长度, 由基线出发, 与基线作成一个固定的角度. 实际上, 这就建立起一个坐标系, 这个坐标系是现在通常说的斜坐标系, 其中 x 和 y 只取正值, 他的图局限于第一象限之内, 但方程 $y^2 = ay + bxy + cx + dx^2$ 所代表的曲线却无此限制.

这里看到了历史上的第一个坐标系, 看到了曲线与方程的对应. 尽管这里出现的是一个斜坐标系, 但正如稍后将会看到的那样, 在《几何学》这本著作的第三卷, 笛卡儿使用了更多的直角坐标系, 并且导出了高于二次的曲线的方程. 因此, 从本质上说, 《几何学》无疑是解析几何的开山经典, 笛卡儿是当之无愧的解析几何发明人.

那么, 笛卡儿究竟是怎样发明解析几何的呢?

1.3 笛卡儿怎样发明解析几何

笛卡儿怎样发明解析几何? 目前, 国内一些教科书中常常引用一些传说, 如笛卡儿躺在床上看到天花板上有一只蜘蛛 (或说苍蝇), 通过思考如何确定其位置和路径而发明了解析几何. 这类传说是没有根据的. 传播更为广泛的传说是前面说过的笛卡儿之梦. 然而, 单看这几个梦, 人们也很难将它们跟解析几何的发明联系起来.

实际上,深入考察笛卡儿的全部论著就会明了,笛卡儿的解析几何乃是在他的一般科学方法指导下的一项发现. 众所周知,笛卡儿的《几何学》是他的哲学著作《方法论》的附录. 笛卡儿在《方法论》中认为"古人的几何学"所思考的只限于形相,而近代的代数学则"太受法则和公式的束缚". 因此,他主张"采取几何学和代数学中一切最好的东西,互相取长补短". 笛卡儿的另一部生前未正式发表的著作《指导思维的法则》(简称为《法则》),更清楚地揭示了他的创新思维轨迹. 笛卡儿在这部著作中首先批判了传统的主要是希腊的研究方法,他认为古希腊人的演绎推理只能用来证明已经知道的事物,"却不能帮助我们发现未知的事情". 笛卡儿认为,希腊人作出他们的发现"往往是凭机遇",因此,他提出"需要一种发现真理的方法",也就是一种"普遍的科学",笛卡儿称之为"通用数学"(mathesis universalis). "通用数学"作为发现真理的普遍方法,正是笛卡儿《法则》全书的宗旨,也是笛卡儿终身的科学追求. 笛卡儿在《法则》中描述了这种"通用数学"的蓝图,他提出的大胆计划概而言之就是要将一切科学问题转化为求解代数方程的数学问题:

任何问题 → 数学问题 → 代数问题 → 方程求解.

事实上, 笛卡儿在《法则》的最后更具体地写道:

法则 19: "…… 我们必须找出与未知量个数相同的那么多个量, 将它们看成已知量 …… 这些应当用两种不同的方式来表示, 因为这样使我们得到与未知量个数相同的那么多方程."……

法则 21: "如果有多个这样的方程, 我们应当将它们化成一个方程 ……"

这就是说, 笛卡儿的问题解决方案要求首先将问题化成一个未知量个数与方程个数相同的方程组. 如果得到的是多元方程组, 就要进一步将其化为只有一个未知量的方程.

笛卡儿在《法则》中没有说明在获得只含一个未知量的单个方程后接下去怎么办, 但人们可以在他的《几何学》中看到其方案的继续. 笛卡儿的《几何学》只不过是他上述 "通用数学" 方案在几何领域的具体实施和示范.

《几何学》中大量的篇幅就是用来讨论如何给出代数方程的标准作图解法. 笛卡儿按未知量的最高次幂将方程作如下分类:

$$z = b,$$

$$z^2 = -az + b^2,$$

$$z^3 = -az^2 + b^2 z - c^3,$$

$$z^4 = az^3 - c^3 z + d^4,$$

$$\cdots\cdots$$

然后, 对每一类方程给出标准的解法, 而这些标准的解法实际上是一种机械化的作图过程.

笛卡儿从一、二次方程开始, 利用圆与直线的交点作出方程的根; 对三、四次方程, 笛卡儿利用圆与抛物线的交点作出方程的根; 对五、六次方程, 笛卡儿则利用圆与比抛物线高一次的所谓"笛卡儿抛物线"的交点作出方程的根, 而后者则是由前者通过一种被笛卡儿称为"平移曲线与转动直线"的程序产生而来的. 为了说明问题, 这里有必要对五、六次方程的作图进行较具体的考察. 设有一个六次方程

$$y^6 - py^5 + qy^4 - ry^3 + sy^2 - ty + u = 0,$$

其中 $q > \left(\frac{1}{2}p\right)^2$. 笛卡儿认为所有的五次方程均可化为六次方程, 并可通过根的增值而使方程仅有正根, 同时第三项系数大于第二项系数之半的平方. 笛卡儿给出的

作图过程如下 (分步是由笔者给出的):

第1步 平面上的线段 BK 两端无限延长, 作 $AB \perp BK$, $AB = \frac{1}{2}p$.

第2步 用所谓"平移曲线与转动直线"的标准过程由抛物线 CDF 与直线 AE 产生一新曲线 ACN, 这里抛物线 CDF 的轴与 BK 重合, 直线 AE 恒通过点 A 与 E, 参数选取为

$$\text{正焦弦 } n = \sqrt{\frac{t}{\sqrt{u}} + q - \frac{1}{4}p^2},$$

$$DE = \frac{2\sqrt{u}}{pn}.$$

当抛物线 CDF 沿 DE 轴向平移, 直线 AE 则绕点 A 转动. 此时, 二者的交点将描画出一条曲线 ACN, 即笛卡儿抛物线. 笛卡儿在此给出了该曲线在直角坐标系中的方程

$$y^3 + by^2 - cdy + bcd + dxy = 0.$$

可以看出, 该曲线比派生出它的抛物线高一次. 同时, 这里看到了《几何学》中使用直角坐标系的一个例子.

第3步 在 BK 上沿抛物线凸向作

$$BL = DE = \frac{2\sqrt{u}}{pn}.$$

第 4 步　在 BK 上朝 B 方向截取

$$LH = \frac{t}{2n\sqrt{u}}.$$

第 5 步　由 H 在 ACN 同侧作 $HI \perp LH$, 使得

$$HI = \frac{r}{2n^2} + \frac{\sqrt{u}}{n^2} + \frac{pt}{4n\sqrt{u}}.$$

第 6 步, 连接 L 与 I, 以 LI 为直径作圆并在圆上截取 P, 令

$$LP = \sqrt{\frac{s + p\sqrt{u}}{n^2}}.$$

第 7 步　以 I 为圆心, IP 为半径作圆 PCN.

此时, 圆 PCN 与曲线 ACN 的交点到 BK 所引垂线 $CG, NR, QO, \cdots$ 之长就是所求的根 (图 1.11)(一般说来, 交点个数应与原方程根的个数相同, 但也有退化情形.)

笛卡儿给出了三、四次与五、六次方程的作图程序以后, 在《几何学》末尾总结道:

“我们利用圆与直线的交点解决了所有的平面问题; 利用圆与抛物线的交点解决了所有的立体问题; 利用圆

与比抛物线高一次的曲线的交点解决了所有复杂程度比立体问题又高一阶的问题,只需要遵循这同样的一般方法去解决所有的作图问题,越来越复杂,直至无穷.”

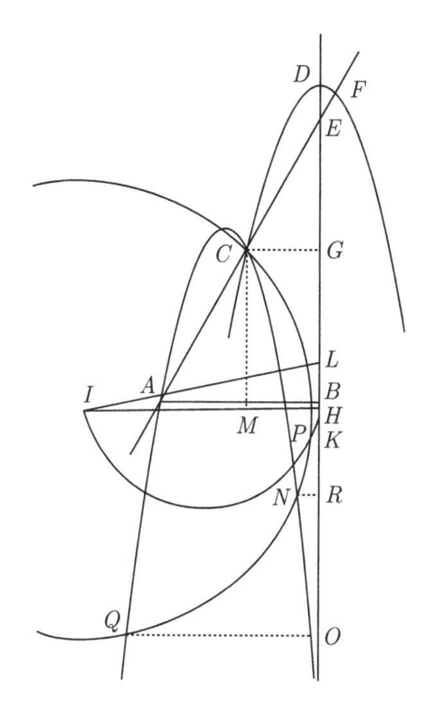

图 1.11 笛卡儿六次方程作图示意

在没有计算机的时代,笛卡儿的方程作图法在更高次方程的情形因计算量巨大而难以实现. 方程标准作图求解在 17 世纪曾繁荣一时,但到 18 世纪中叶以后渐渐被人遗忘. 笛卡儿本人则认为他已经指出了问题求解的

一般途径, 因此, 他以下面这样一段意味深长的话来结束《几何学》:

"我希望后人能给我以好评, 不仅因为我已经说明了的东西, 而且还因为我有意省略以使他人也能体验发现乐趣的东西!"

十分清楚, 笛卡儿《几何学》贯串全书的主要目标始终是: 将一切几何问题化为代数方程问题, 并用一种标准的、几乎自动的方法去解这些代数方程. 正是在实现这一目标的过程中, 出于讨论三次及三次以上方程作图曲线的需要, 笛卡儿引进了坐标系, 并借以建立曲线与方程之间的对应. 这使他成为解析几何的发明人, 但对笛卡儿本人来说, 坐标几何在整个方案中扮演的是重要工具的角色, 或者说, 解析几何其实是笛卡儿代数方程求解理论的副产品. 事实上,《几何学》中并没有解析几何的独立陈述, 人们在其中甚至找不到"坐标"和"解析几何"这两个词. 解析几何作为一门独立的数学理论, 其发展与完善是由笛卡儿的后继者们实现的.

俗话说: 日有所思, 夜有所梦. 勤于思考, 善于思考, 这是一切科学创新的必由之路. 笛卡儿终身保持着"晨思"的习惯, 可以说是生命不息, 思考不止. 由上述可知,笛卡儿昼思夜想、梦寐以求的，是一个远比解析几何更为宏大的目标——发现真理的普遍方法，这种普遍方法将一切科学问题转化为求解代数方程的数学问题，解析几何是实现这一科学梦想的重要武器. 如果说解析几何的诞生与梦有什么关联，这恐怕是一个合理的诠释.

1.4 笛卡儿其人

笛卡儿，1596 年生于法国图伦 (Touraine) 地区拉 · 海伊 (La Haye) 小镇，1650 年卒于瑞典斯德哥尔摩 (图 1.12). 笛卡儿出生在一个贵族之家，父亲是法国雷恩地区的参议员，同时也是地方法院的法官. 笛卡儿一岁时母亲去世，给笛卡儿留下了一笔遗产，这使笛卡儿在豪华的生活中无忧无虑地度过了童年，并为他日后从事自己喜爱的工作提供了可靠的经济保障. 他幼年时体弱多病，母亲病故后就一直由一位保姆照看. 他对周围的事物充满了好奇，父亲见他颇有哲学家的气质，亲昵地称他为“小哲学家”.

父亲希望笛卡儿将来能够成为一名神学家，于是笛卡儿在八岁时进入耶稣会士创办的拉 · 弗莱舍公学学习，接受耶稣会士的正规性传统教育. 他主修希腊和拉丁语文学、哲学, 同时学习历史、神学、法学、医学、雄辩术、诗歌, 但他对所学的东西颇感失望, 因为在他看来, 教科书中那些微妙的论证, 其实不过是模棱两可, 甚至前后矛盾的理论, 只能使他顿生怀疑而无从得到确凿的知识, 唯一给他安慰的是数学, 他对数学表现出强烈的兴趣, 与后来也是著名数学家的梅森 (Marin Mersenne,1588~1648) 结为密友. 在结束学业时, 他暗下决心: 不再死钻书本学问, 而要向 "世界这本大书" 讨教.

图 1.12　笛卡儿诞生 400 周年纪念邮票 (1996, 法国)

这个学校有着开明的办学精神, 教授当时新兴的自然科学知识, 笛卡儿就是在这里知道了伽利略发明了望远镜和发现了木星的卫星. 另外, 由于笛卡儿年幼体弱,学校破例允许他早晨可以不参加户外的操练,但笛卡儿并没有睡懒觉. 每天清晨醒来,当别的孩子在操场上"晨练"时,他独自躺在床上"晨思". 笛卡儿保持着这种"晨思"的习惯直到晚年.

1612 年,笛卡儿离开拉·弗莱舍公学,到巴黎普瓦捷大学读法学,毕业后获博士学位,成为律师. 1618 年,他去荷兰参军,但并没有参加战斗,所以与其说是参军,不如说是旅行. 这期间有几次经历对他产生了重大的影响. 一次,笛卡儿在街上散步,偶然在路旁公告栏上,看到用佛莱芒语提出的数学问题征答. 这引起了他的兴趣,并且让身旁的人将他不懂的佛莱芒语翻译成拉丁语. 这位身旁的人就是大他八岁的医学博士爱萨克·比克曼 (Isaac Beeckman). 比克曼在数学和物理学方面有很高的造诣,很快就成了笛卡儿的心灵导师,也正是他把笛卡儿引导和召唤到各种科学问题上. 比克曼对笛卡儿的科学天才给予了热情的赞扬,从而激发了笛卡儿对科学的信心和兴趣,使笛卡儿后来敢于去从事雄心勃勃的事业. 4 个月后,笛卡儿写信给比克曼:"你是将我从冷漠中唤醒的人······",并且告诉他,自己在数学上有了 4 项重大发现.

1625 年,笛卡儿游历了丹麦、瑞士、意大利等多国后回到巴黎, 与梅森等讨论数学. 1628 年, 他移居荷兰, 潜心著述二十余年, 为科学文库留下了丰富的宝藏. 笛卡儿这一时期的哲学与科学的探索研究, 充满了怀疑传统、不盲从权威的批判与创新精神, 反映了文艺复兴时期的时代特征. 1637 年, 笛卡儿发表了他的不朽著作《更好地指导推理和寻求科学真理的方法论》(简称为《方法论》).《方法论》在哲学上树起了唯理主义的大旗, 向经院哲学与教会权威宣战, 同时也为笛卡儿自己的科学发现开辟了一条崭新的道路. 与《方法论》一起发表的三个附录——《光学》、《气象学》和《几何学》, 就包含了笛卡儿在新的方法论指引下取得的科学成就.

1649 年冬, 笛卡儿应瑞典女王克里斯蒂安 (Christina) 的邀请, 来到斯德哥尔摩, 任宫廷哲学家和女王的私人教师. 女王为了显示对知识的尊重, 专门派一艘军舰接笛卡儿到瑞典. 北欧的严冬, 笛卡儿必须在每天清晨 5 点准时赶到皇宫, 为女王授课. 当马车在寒风呼啸中穿过斯德哥尔摩的街巷时, 笛卡儿或许在继续着他的 "晨思", 但他孱弱的身体终究不能适应那里的气候, 1650 年初便患肺炎, 抱病不起, 同年 2 月病逝. 终年 54 岁. 1799 年法国大革命后, 笛卡儿的骨灰被送到了法国历史博物馆.

笛卡儿学识渊博, 在哲学、数学、光学、心理学、生理学等多方面都取得了突出的学术成就. 笛卡儿正式发表的主要学术著作有《更好地指导推理和寻求科学真理的方法论》(1637)、《第一哲学沉思录》(1641)、《哲学原理》(1644)、《论灵魂的感情》(1649)、《论胎儿的形成》(1667) 等.

1.5 殊途同归 —— 费马与解析几何

时代呼唤巨人. 重大的科学真理往往在条件成熟的一定时期由不同的探索者相互独立地发现. 解析几何的创立, 情形恰恰如此. 与笛卡儿几乎同时代的另一位法国数学家费马在 "平面与立体轨迹引论"(1679 年发表, 但完成于 1630 年以前) 这篇论文中, 从研究不定方程解的作图问题出发, 也阐述了解析几何原理.

1.5.1 费马生平及主要学术成就

费马 (图 1.13), 1601 年 8 月 17 日出生于法国南部图卢兹附近的博蒙 · 德 · 洛马涅. 他的父亲多米尼克 · 费马在当地开了一家大皮革商店, 拥有相当丰厚的产业, 使

得费马从小生活在富裕舒适的环境中. 费马的父亲由于富有和经营有道, 颇受人们尊敬, 并因此获得了地方事务顾问的头衔, 但费马小的时候并没有因为家境富裕而产生多少优越感. 费马的母亲名叫克拉莱·德·罗格, 出身于穿袍贵族. 多米尼克的大富与罗格的大贵构筑了费马极富贵的身价.

图 1.13　费马

费马小时候受教于他的叔叔皮埃尔, 受到了良好的启蒙教育, 这培养了他广泛的兴趣和爱好, 对他的性格也产生了重要的影响. 直到 14 岁时, 费马才进入博蒙·德·洛马涅公学, 毕业后先后在奥尔良大学和图卢兹大学学习法律. 等到费马毕业返回家乡以后, 他很容易地当上了图卢兹议会的议员, 时值 1631 年.

尽管费马从步入社会直到去世都没有失去官职, 而且逐年得到提升, 但是据记载, 费马并没有什么政绩, 应付官场的能力也极普通, 更谈不上什么领导才能.

费马生性内向, 谦抑好静, 不善展示自我. 因此, 他生前极少发表自己的论著, 连一部完整的著作也没有出版. 他发表的一些文章也总是隐姓埋名.《数学论集》还是费马去世后由其长子将其笔记、批注及书信整理成书而出版的. 现在早就认识到时间性对于科学的重要, 即使在 17 世纪, 这个问题也是突出的. 费马的数学研究成果不及时发表, 得不到传播和发展, 并不完全是个人的名誉损失, 而是影响了那个时代数学前进的步伐. 对费马来说, 真正的事业是学术, 尤其是数学. 费马通晓法语、意大利语、西班牙语、拉丁语和希腊语, 而且还颇有研究. 语言方面的博学给费马的数学研究提供了语言工具和便利, 使他有能力学习和了解阿拉伯和意大利的代数以及古希腊的数学. 可能正是这些为费马在数学上的造诣奠定了良好的基础. 在数学上, 费马不仅可以在数学王国里自由驰骋, 而且还可以站在数学天地之外鸟瞰数学. 这也不能绝对归于他的数学天赋, 与他的博学多才多少也是有关系的.

费马一生从未受过专门的数学教育, 数学研究也不过是业余爱好. 然而, 在 17 世纪的法国可以与之匹敌的数学家还为数不多: 他是解析几何的发明者之一, 对于微积分诞生的贡献也许仅次于牛顿和莱布尼茨; 他是概率论的主要创始人, 也是开辟 17 世纪数论天地的人. 此外, 费马对物理学也有重要贡献. 一代数学天才费马堪称是 17 世纪法国最伟大的数学家之一.

1.5.2 费马创立解析几何的方法

费马对于曲线的研究是从研究公元前 3 世纪古希腊几何学家阿波罗尼奥斯的成果开始的. 1629 年以前, 费马便着手重写阿波罗尼奥斯失传的《平面轨迹》一书. 他用代数方法对阿波罗尼奥斯关于轨迹的一些失传的证明作了补充, 对古希腊几何学, 尤其是阿波罗尼奥斯圆锥曲线论进行了总结和整理, 对曲线作了一般研究, 并于 1629 年用拉丁文撰写了仅有 8 页的论文 “平面与立体轨迹引论",但这篇文章直到1679年才出版问世.

费马在"平面与立体轨迹引论"中说,他找到了一个研究曲线问题的普遍方法.费马讨论任意曲线和它上面的一般点 J(图 1.14),J 的位置用 A, E 两个字母定出：A 是从点 O 沿底线到点 Z 的距离,E 是从 Z 到 J 的距离,这相当于现在所说的斜坐标.图中的 A, E 就是斜坐标中的 x 和 y.

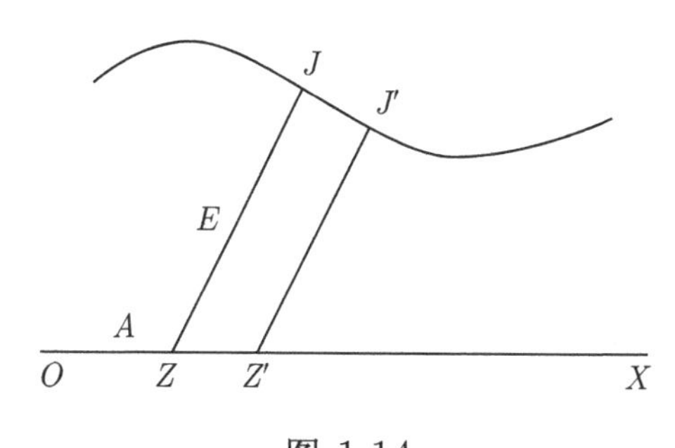

图 1.14

费马得到这种表示的解析几何学的一般原理："每当在最后的方程中出现了两个未知量,我们就得到一个轨迹,其中一个未知量的端点描绘出一条直线或曲线.这条直线简单且唯一,曲线的种类则有无限多——圆、抛物线、双曲线、椭圆等."[1]515 接着,费马把轨迹分为以下三类：

平面轨迹：直线或圆;

立体轨迹：抛物线、双曲线或椭圆;

线性轨迹：其他曲线.

“若令两个未知量构成一给定的角, 通常假定为直角, 并且未知量之一的位置和端点是确定的, 则方程容易画出. 如果两个未知量不超过二次…… 则其轨迹是平面轨迹或立体轨迹. ”[1]516

实际上, 费马只是用 OX 表示一条直线. 距离 OZ 表示一个未知量, 距离 ZJ 表示另一个未知数, J 为其端点. 当 Z 在 OX 上变化时, J 描绘出一条曲线的轨迹. 不过, 他没有明确提出坐标的概念.

利用上面由距离表示的两个未知量, 费马求出一些曲线的轨迹方程, 用现代的写法为

过原点的直线方程：$\frac{x}{y}=\frac{b}{a}$;

任意直线的方程：$\frac{b}{d}=\frac{a-x}{y}$;

圆的方程：$b^2-x^2=y^2$;

椭圆方程：$a^2-x^2=ky^2$;

双曲线方程：$a^2+x^2=ky^2$;

双曲线方程：$xy=a$;

抛物线方程：$x^2 = ay$.

后来，费马还引进了新的曲线，如 $x^m y^n = a$, $y^n = ax^m$ 等，他没有负坐标的观念，所以他的方程并不能代表整条曲线. 但他认识到坐标轴可以平移或旋转，而且通过它们，可把复杂的三次方程化为简单的形式. 从某种意义上来说，这是现代坐标变换观念的萌芽.

费马也在一封信里简短地描述了他关于三维解析几何的思想，并率先把三元方程用于空间解析几何. 他的著述涉及柱面、椭圆抛物面、双叶双曲面和椭球面，并指出作为平面曲线论的顶峰，应该研究曲面上的曲线. 虽然他对三维解析几何未能给出几何框架，但却为它提供了一个代数基础. 费马在 1650 年进一步指出：一个自变量的方程决定点的作图，两个自变量的方程决定平面曲线轨迹的作图，三个自变量的方程决定空间曲面轨迹的作图.

1.5.3 笛卡儿与费马创立解析几何之比较

对比笛卡儿与费马的思维路径，他们的研究正是解析几何基本原理的两个方面. 费马着重于不定方程解的作图，笛卡儿则着重于代数方程根的构造；费马是从方程出发寻找它的轨迹，使用的是从代数到几何的方法，主要是继承希腊人的思想，完善了阿波罗尼奥斯的工作，因而古典色彩很浓，而笛卡儿则从轨迹出发寻找它的方程，使用的是从几何到代数的方法，从批判希腊的传统出发，走革新古代方法的道路，他的方法更具一般性，适用于更广泛的超越曲线，从历史的发展来看，更具有突破性.

虽然思维路径不同，但总的来说，笛卡儿与费马各自独立地将数学带入了一个新的境界——代数与几何相统一的解析几何，可谓殊途同归！

关于解析几何的发明，数学史中还有一个小小的花絮.费马对笛卡儿成果的态度最初不以为然.当笛卡儿的《几何学》出版之际，费马曾对书中所提出的曲线分类理论提出异议，并指出书中不应该删去极大值和极小值、曲线的切线以及立体轨迹的作图法.他认为这些内容是所有几何学家都值得重视的.为此，他们也曾进行过激烈的争论，但冷静下来之后，态度便逐渐缓和.费马在 1660 年的一篇文章里，既开诚布公地指出了笛卡儿《几何学》中的一个错误，又诚挚地说出，他很佩服笛卡儿的天才[2].

第2章…………

发展篇

笛卡儿与费马虽是解析几何学的创始人,但他们的工作远不完善. 如前所说,笛卡儿的坐标几何思想掩蔽在方程几何作图的屋宇之下,费马的著作则仅在朋友间传阅. 二者都没有独立地展开解析几何,也没有曲线与方程的系统论述,在他们的著述中,甚至看不到圆锥曲线的完整的解析处理. 二者的坐标几何基本局限于二维平面,并且都忽略了横轴上的负值. 在笛卡儿和费马之后,解析几何学自身的完善与发展经历了近两个世纪的历程. "解析几何" 作为学科的名称,也是直到 18 世纪末才开始正式使用.

2.1 17 世纪:解释、完善与应用

对于补充和完善笛卡儿的工作,推动解析几何学的发展来说,荷兰数学家范·斯霍腾 (Frans van Schooten, 1615~1660) 以及他的学生德·维特 (Jacob de Witt)、胡

德 (Jan Hudde)、范·许雷德 (Hendrick van Heuraet) 的历史功绩是不容忽视的.

范·斯霍腾自 1631 年开始在荷兰莱顿大学学习期间, 通过别人介绍, 结识了正在莱顿审视《方法论》书稿印制的笛卡儿. 范·斯霍腾大概阅读过笛卡儿的《几何学》初稿或清样, 并为《方法论》的所有三个科学附录绘制了插图. 从那时起, 范·斯霍腾就一直与笛卡儿保持着联系, 并成为笛卡儿数学思想的积极传播者与出色的阐释者.

对数学史来说, 范·斯霍腾留下深刻印记的工作是他翻译并注释的笛卡儿《几何学》拉丁文本. 笛卡儿的《几何学》最初是用法文写成的, 这在以拉丁语为科学语言的 17 世纪, 大大限制了它的读者面. 另一方面, 当时一般的学者对笛卡儿新的数学思想还难以理解, 而笛卡儿本人或许是为了避免与传统见解的纠缠, 行文也不无晦涩之处. 范·斯霍腾可以说是最早阅读和研究笛卡儿《几何学》, 并能掌握其中真谛的少数学者之一. 他同时又深感该书的语言及写作方式阻碍了笛卡儿新数学的传播, 遂着力将其译成拉丁文, 并对于其中过于简略和艰深的部分作了注解.《几何学》拉丁文第一版于

1649 年正式出版, 立即引起了很大反响. 受到成功鼓舞的范 · 斯霍腾又进一步修订补充, 于 1659 年出版了第二版. 与第一版不同, 该版同时附载了范 · 斯霍腾的一些学生的研究成果, 其中包括德 · 维特关于圆锥曲线的解析研究、胡德关于求曲线法线的所谓 "胡德法则"、范 · 许雷德论曲线拐点及曲线求长等, 它们构成了对笛卡儿数学思想的重要发展.

笛卡儿发明了解析几何, 但由于《几何学》的写作服从于方程作图的最终目标, 其中坐标几何方法并未得到充分阐述, 只有少数曲线方程被导出. 即使对于在笛卡儿心目中占重要地位的圆锥曲线, 也缺乏系统的解析处理. 范 · 斯霍腾补充了这一切, 他具体推导了许多曲线方程, 以使读者能掌握、理解坐标几何的方法. 他对《几何学》第二卷所作的一些评注, 实际形成了圆锥曲线最早的解析理论. 正是在他的引导与鼓励下, 德 · 维特发展了通过将方程化为标准形式而对圆锥曲线分类的理论.

范 · 斯霍腾还发展了笛卡儿《几何学》中的另一项重要成果 —— 求曲线法线的方法. 笛卡儿的方法称为

"圆法" 或 "重根法", 其关键是确定某一特定方程的系数, 该方程以某定值为其重根, 这在阶数大于 2 的情形下通常导致极繁复的计算. 另外, 笛卡儿在这里对自己方法的介绍同样带有简略与隐晦的特点. 他总共讨论了三种曲线 —— 椭圆、笛卡儿抛物线与蚌线, 而对于蚌线他仅描述了其法线的纯几何作图, 连方程也未给出. 范 · 斯霍腾则在评注中对一系列曲线的法线问题作了解析说明, 其中对蚌线的讨论尤为重要.

设 K 是以 AB 为准线, G 为极点的蚌线, 如图 2.1 所示. 令 $AG = b, AE = LC = c$, 范 · 斯霍腾首次导出了蚌线方程

$$x^2y^2 = (c^2 - y^2)(y + b)^2$$

与圆方程

$$x^2 + (y + v)^2 = s^2.$$

两个方程联立, 消去 x, 产生基本方程

$$y^3 + \frac{1}{2v - 2b}[(c^2 - b^2 + v^2 - s^2)y^2 + 2bc^2y + b^2c^2] = 0.$$

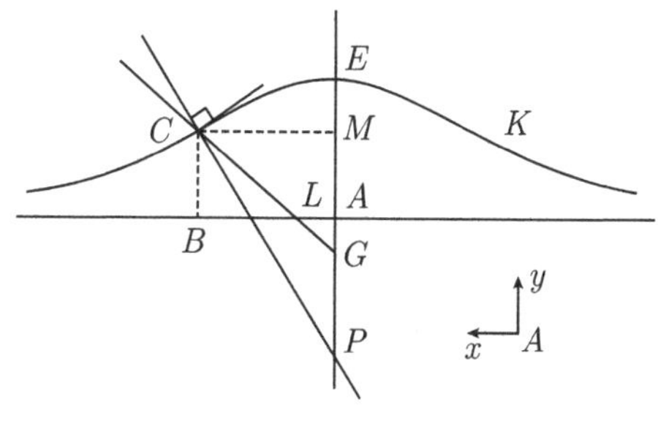

图 2.1

范 · 斯霍腾分别按笛卡儿法则与胡德法则计算 v, 然后对二者进行比较, 显示出胡德法则的优越性. 接着, 他将 “重根法” 推广至三重根情形, 以计算曲线的拐点, 并研究了笛卡儿未曾触及的极大、极小问题. 他还指出法线与切线的作图不必限制于代数方程. 作为例子, 他讨论了摆线的切线问题.

因此, 范 · 斯霍腾译注的《几何学》拉丁文本, 对于推动解析几何的发展、引导微积分的最终制定, 具有历史的功绩. 该书后又再版两次 (第三版 1683 年, 第四版 1695 年), 其中第四版附录中还有雅各布 · 伯努利 (Jakob Bernoulli) 写的评论, 说明其影响延及 17 世纪末, 当时许多重要的数学家都受到过此书的熏陶, 牛顿 (Newton) 就是从范 · 斯霍腾译注的《几何学》拉丁文本学习解析几何与曲线法线求法, 并走上发明微积分道路的 [3].

范·斯霍腾的学生德·维特、胡德、范·许雷德等也都不同程度地对发展笛卡儿的数学思想作出了贡献.

德·维特在莱顿期间, 曾经随范·斯霍腾学习数学, 对笛卡儿的数学方法表现出极大兴趣, 并作出了自己的贡献. 他的重要数学著作《线性曲线基础》写于 1650 年以前, 载于范·斯霍腾译注的《几何学》拉丁文本第二版第二卷 (1661).《线性曲线基础》分为两部分, 第一部分是对圆锥曲线的综合处理, 其中抛物线、双曲线和椭圆作为平面轨迹导出, 使圆锥曲线的理论彻底摆脱了阿波罗尼奥斯作为圆锥的截线的窠臼, 同时也为第二部分的解析处理做了准备.

《线性曲线基础》的第二部分是关于圆锥曲线最早的系统的解析理论. 德·维特从证明一次方程表示直线开始, 详细介绍了如何作出系数任意的一次方程的几何图像, 然后过渡到二次曲线, 推导了圆锥曲线的标准方程并明确分类. 他首先建立了与第一部分导出的标准圆锥曲线相应的简单二次方程, 然后通过平移与旋转将更复杂的方程化为标准形式. 例如, 对方程

$$yy+\frac{2bxy}{a}+2cy=\frac{fxx}{a}+ex+dd$$

作变换 $z=y+\frac{b}{a}x+c$ 及 $v=x+h$(h 为第一次变换后 x 的一次项系数), 得到方程

$$\frac{aazz}{fa+bb}=vv-hh+\frac{aadd+aacc}{fa+bb}.$$

这是双曲线的标准方程.

在《线性曲线基础》的结尾部分, 德·维特概括了各种变换来说明如何作出所有二次方程的图像. 此外, 该书还讨论了抛物线的焦准性质, 给出了椭圆与双曲线作为到两定点距离之和或差等于常数的点的轨迹的解析推导.

作为范·斯霍腾的学生, 胡德也对笛卡儿数学产生了极大兴趣, 并在讨论笛卡儿叶形线的最大宽度、计算曲线的法线和代数方程的化约等问题上获得了一些显著成果. 尤其是他发明的“胡德法则”对于计算曲线的法线等问题显示出简捷明快的优点. 以蚌线 $x^2y^2=(c^2-y^2)(y+b)^2$ 为例, 范·斯霍腾曾将蚌线方程与圆方程 $x^2+(y+v)^2=s^2$(其中 v,s 待定) 联立推得

$$y^3+\frac{1}{2v-2b}[(c^2-b^2+v^2-s^2)y^2+2bc^2y+b^2c^2]=0.$$

此方程应有一重根. 如果按笛卡儿法则, 则应该将上述方程写成

$$(y-y_0)^2(y+f)=y^3+(f-2y_0)y^2+(y_0^2-2y_0f)y+y_0^2f=0$$

(其中 f 待定), 然后逐项比较系数来确定 v, 其计算过程相当复杂. 如果用胡德法则, 则只需将方程写成

$$\frac{b^2c^2}{y^2}+\frac{2bc^2}{y}+(c^2-b^2+v^2-s^2)-(2by-2vy)=0,$$

逐项分别对应地乘以 $t_k=k(k=-2,-1,0,1)$ 得

$$-\frac{2b^2c^2}{y^2}-\frac{2bc^2}{y}-2by+2vy=0,$$

立即可求出

$$v=b+\frac{bc^2}{y_0^2}+\frac{b^2c^2}{y_0^3}.$$

胡德关于代数方程的化约也值得一提. 笛卡儿在《几何学》中将五、六次方程看成一类, 并用作图方法来求解其根. 胡德在 “方程化约” 一文中, 则试图用纯代数的方法来解五、六次方程. 尽管未获成功, 但他汇集了可

通过因式分解降低次数的方程. 他也处理过三、四次方程, 利用代换 $x = y + z$ 求解了三次方程 $x^3 = qx + r$.

范·许雷德在导致微积分发明的基本问题之一——曲线性质 (切线、拐点、求积、求长和重心计算等) 的研究方面卓有贡献, 其中使范·许雷德在数学史上占有一席之地的最主要的工作是他关于曲线求长的研究.

众所周知, 亚里士多德 (Aristotle) 认为曲线不能用直线来度量, 直到 17 世纪, 尽管有少数学者重新提出曲线求长问题, 但大多数人对亚里士多德的观点仍深信不疑. 笛卡儿在《几何学》中就宣称: "曲线与直线的比率问题超出了人类理智的范围." 范·许雷德却通过自己的工作建立了相当一般的曲线求长方法, 从而突破了亚里士多德依赖的传统信条. 有意思的是, 在范·许雷德的曲线求长的研究中, 恰恰是笛卡儿计算曲线的 "重根法" (或称为 "圆法") 起了重要作用.

设由方程 $f(x, y) = 0$ 表示的代数曲线 K, 如图 2.2 所示, 其上任意两点 M, N. 范·许雷德的问题是作一与曲弧 MN 长度相等的直线段. 他首先在弧 MN 上任取一点 P, K 在 P 点的法线 PS 的长度 (其中 S 为法线与横坐标轴的交点) 可以根据笛卡儿圆法确定. 由曲线

K 和任意取定的长为 σ 的直线段, 范 · 许雷德定义一新的曲线 K'(称为补助曲线), 使满足关系 $\dfrac{P'R}{\sigma}=\dfrac{PS}{PR}$, 其中 PR 与 $P'R$ 分别为曲线 K 与 K' 通过 P 点的纵坐标线. 然后考虑 $\triangle ABC$, 其一边 AC 在 P 点与 K 相切 (记 $AB=\Delta x, BC=\Delta y, AC=\Delta s$, 可以看出此即为特征三角形).

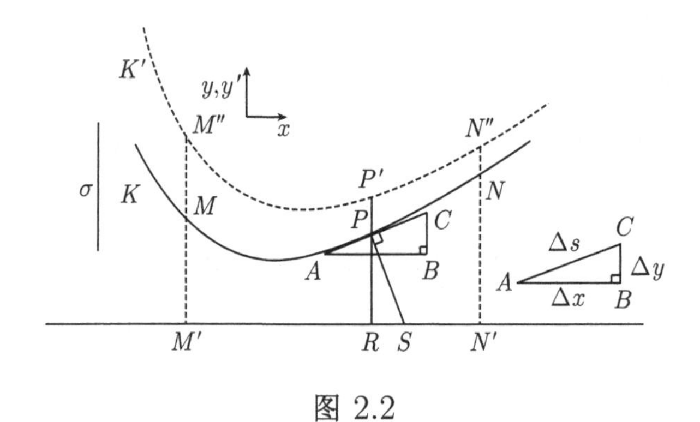

图 2.2

因为 $\triangle ABC$ 相似于 $\triangle PRS$, 故

$$\frac{PS}{PR}=\frac{AC}{AB}=\frac{\Delta s}{\Delta x},$$

从而

$$\frac{P'R}{\sigma}=\frac{\Delta s}{\Delta x},$$

即

$$\sigma\Delta s = P'R \cdot \Delta x.$$

范 · 许雷德指出, 对不同的点 P, 可得到一系列首尾相连的直线段,

$$AC = \Delta s, \quad \sum_P \sigma\Delta s = \sum_P P'R \cdot \Delta x$$

或

$$\sigma \sum_P \Delta s = \sum_P P'R \cdot \Delta x.$$

若点 P 的个数趋于无限, 则最终将得到

$$\sigma \cdot \text{弧}MN\text{长} = \text{曲线}K'\text{介于}M'M''\text{与}N'N''\text{之间的曲边形面积}.$$

这样, 范 · 许雷德就将求一条曲线的长的问题化为求另一条曲线的积的问题. 如果由曲线 K 的方程 $f(x, y) = 0$ 导出曲线 K' 的方程, 而 K' 可求积, 则 K 的弧长 MN 就可以确定.

范 · 许雷德将上述方法应用于求一些特殊曲线的长, 获得了许多正确的结果. 例如, 他计算半立方抛物线

K: $y^2=\dfrac{x^3}{a}$ 的弧长 PO(其中 P 为 K 上任一点, O 为原点), 给出了公式 $OP=\sqrt{\dfrac{\left(x+\frac{4}{9}a\right)^3}{a}}-\dfrac{8}{27}a$, 并将结果推广到曲线族 $y^{2n}=\dfrac{x^{2n+1}}{a}$ 等. 范·许雷德的曲线求长法计算虽然较繁复, 但容易证明它实质上相当于现代曲线求长的积分公式 $\int\sqrt{1+(f'(x))^2}\mathrm{d}x$. 范·许雷德的另一项重要工作是关于蚌线的拐点计算.

2.2 18 世纪的发展

18 世纪, 解析几何获得了进一步的发展并基本定形.

2.2.1 坐标系的拓广

笛卡儿坐标系并不是在所有的情形下都方便合用. 数学家们开始寻找其他形式的坐标系以适应不同场合的需要, 最先出现的是极坐标系 (polar coordinates).

极坐标起源于牛顿和雅各布·伯努利. 牛顿的《流数法与无穷级数》(简称为《流数法》) 一书包含有大量关于解析几何的论述 (该书的拉丁文本最初甚至用名《解析几何》), 其中最重要的是各种坐标系的采用.

牛顿在用流数法计算切线问题时指出:“作切线可用不同的方法,这取决于曲线与直线的不同关系.”他所说的“曲线与直线的不同关系”意味着不同的坐标系.事实上,牛顿在《流数法》中引进了9种不同的表示曲线上任意点D的坐标“模式”,其中“模式3”与“模式7”分别为双极坐标系与一般极坐标系.以一般极坐标为例,牛顿是在求作所谓“机械曲线”(mechanical curve,即超越曲线)的切线过程中引进的.如图2.3所示,设有曲线ADE,$\overset{\frown}{BG}$是以定点A为圆心,AG为半径的圆弧,牛顿将曲线ADE看成是当AG绕中心A旋转时其上一点D的移动轨迹.令$\overset{\frown}{BG}=x$, $AD=y$,则曲线由x与y间的一个方程$f(x,y)=0$确定,于是可用流数法求出x与y的流数关系,并据以确定切线DT的位置(实际上,借助于一些初等几何的推导,牛顿获得流数之比$\frac{\dot{x}}{\dot{y}}=\frac{CD}{Gg}=\frac{AD}{At}$,其中$CD=AC-AD=Ad-AD$与$Gg$为$D$沿曲线做无限小移动至$d$时,$AD$与$\overset{\frown}{BG}$的相应增量,故$At=AD\frac{\dot{x}}{\dot{y}}$.由此可确定$Gt$,而切线$DT//Gt$).显然,在这一模式中,牛顿所使用的参量$x(\overset{\frown}{BG})$和$y(AD)$即为极坐标中的辐角与矢径.他还以极坐标的形式给出了阿基米德螺线和费马螺线的方程:$\frac{a}{b}x=y$和$x^2=by$.因此,牛顿毫无疑问

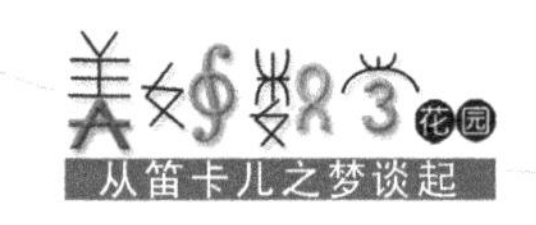

地是极坐标 (包括双极坐标) 的创始人. 然而, 该书虽完成于 1671 年, 但到 1736 年牛顿去世后才正式出版. 在此之前, 雅各布 · 伯努利于 1691 年、1694 年先后在《教师学报》上发表过两篇论及极坐标的文章, 其中将直角坐标系中的双纽线方程 $(x^2+y^2)^2=a^2(x^2-y^2)$ 用极坐标形式记为 $\rho^2=a^2\cos 2\theta$, 还给出了极坐标下的曲率半径公式.

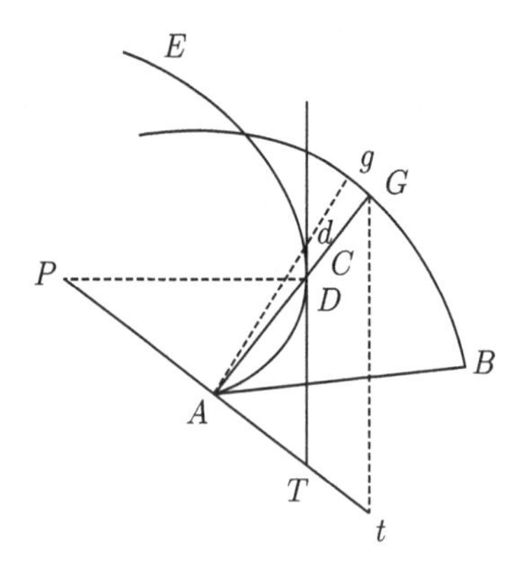

图 2.3

1729 年, 瑞士数学家赫尔曼 (J. Hermann, 1678~1733) 正式宣布极坐标是普遍可用的, 并且给出了从直角坐标到极坐标的变换公式. 例如, 对抛物线方程 $y^2=px$, 他给出变换式 $x=nz-a, y=mz$, 其中 m 和 n 分别表示 $\sin\theta$ 和 $\cos\theta$, z 为矢径, a 为常量, 得到抛物线的极坐标方程

$m^2z^2 = npz - ap$. 赫尔曼自由地应用极坐标研究曲线, 得到了若干极坐标方程.

欧拉在他的名著《无穷分析引论》(1748) 中也论及极坐标. 他扩充了极坐标的使用范围, 明确地使用三角函数记号表示变换式, 他确立的极坐标系与现代形式一致, 以后再无大的变化.

建立各种坐标系的努力一直延伸到 19 世纪, 除了极坐标以外, 数学家们陆续引进的新坐标系还有球面坐标 (spherical coordinates)、椭圆坐标 (elliptic coordinates)、极小坐标 (minimal coordinates) 等.

2.2.2 高次平面曲线理论

解析几何提供了研究曲线的利器, 然而, 17 世纪数学家的注意力主要集中于平面二次曲线 (圆锥曲线). 自阿波罗尼奥斯时代起, 希腊数学家已经对圆锥曲线作了透彻的研究, 笛卡儿将希腊人的综合工作翻译成了解析语言, 他的后继者更是构建了系统的圆锥曲线解析理论. 然而, 对于高次曲线, 无论古希腊人还是笛卡儿却都知之不多. 希腊人将所有高于二次的曲线统称为 “线性曲线”(linear line). 对此, 他们只给出了个别实例: 如蚌线 (conchoid)、蔓叶线 (cissoid). 笛卡儿向与他同时代的人

展示了三叉线 (trident) 和叶形线 (folium)(图 2.4), 其后数十年间, 数学家们新认识的三次曲线总共只增添了寥寥数种, 如沃利斯的立方抛物线. 另外, 前面已经提到雅各布 · 伯努利于 1691 年、1694 年关于双纽线的研究. 所有这些工作都具有重要的意义, 但并没有人能像把非退化二次曲线分成椭圆、双曲线与抛物线那样, 对三次曲线分类. 对高次曲线的研究取得突破性进展的标志, 是牛顿 (图 2.5) 的总结性专论《三次曲线枚举》(1704 年作为《光学》的附录发表).

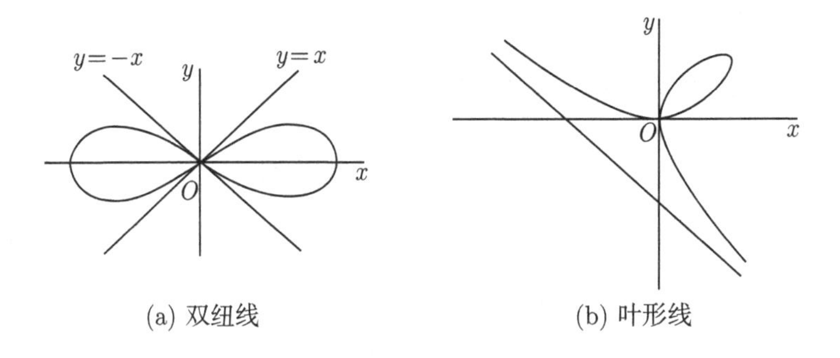

(a) 双纽线　(b) 叶形线

图 2.4　线性曲线

《三次曲线枚举》首先根据平面曲线与直线相交所产生的交点数来定义曲线的阶, 同时指出圆锥曲线的许多概念与性质都可以推广至高次曲线. 在这方面, 牛顿理论的精粹是三次曲线的分类. 他注意到任一三次曲

图 2.5　英镑上的牛顿

线至少有一个实渐近方向, 取与此方向平行的直线为坐标轴之一, 牛顿导出了三次曲线方程的 4 类基本形式如下：

(1) $xy^2 + ey = ax^3 + bx^2 + cx + d$;

(2) $xy = ax^3 + bx^2 + cx + d$;

(3) $y^2 = ax^3 + bx^2 + cx + d$;

(4) $y = ax^3 + bx^2 + cx + d$.

它们分别相应于一般立方双曲线、笛卡儿三叉线、发散抛物线 (牛顿用语) 和立方抛物线. 牛顿并未证明这 4 类方程穷举了一切可能 (1729 年, 法国数学家尼科尔 (F. Nicole) 证明了这一点). 对于 (1),(3) 类, 牛顿又区分出许多子类, 结果他总共列举了 72 种三次曲线. 对此, 后来, 斯特林 (J. Stirling, 1717)、克拉默 (G. Cramer,1746) 等又追加了6种. 数学家们还发现了其他不同的对高次曲线分类的原则.

《三次曲线枚举》揭开了解析几何发展新的一页. 以往只了解少数特例的三次曲线, 现在可以从整体上进行分类并考察其性质, 这激发了包括克拉默、欧拉直到19世纪的普吕克 (J. Plücker) 等对高次代数曲线的系统研究. 欧拉的《无穷分析引论》(1748) 和克拉默的《代数曲线的解析引论》(1750) 成为18世纪高次曲线研究的代表作.

2.2.3 走向三维

在笛卡儿、费马和拉伊尔 (P.de La Hire) 的著作中能找到关于三维坐标几何的一些迹象, 但三维坐标几何真正的发展是在18世纪.

1715年, 约翰 · 伯努利 (John Bernoulli) 在给莱布尼茨的一封信中引进了现在通用的三个坐标平面. 略早数年, 帕伦 (Antoine Parent) 在其《数学和物理学研究论文集》(1713) 的一篇论文中, 引进了三维坐标 x,y,z, 并给出了如下形式的球面方程:

$$c^2+y^2-2cy+b^2+x^2-2bx+a^2+z^2-2az=r^2.$$

帕伦还寻求球面的切平面方程. 约翰 · 伯努利、帕伦以及稍晚的克雷洛 (A. C. Clairaut, 1713~1765)(图 2.6) 的工作弄清了曲面能用三个坐标变量的一个方程表示出来这一观念. 克雷洛在他的《关于双重曲率曲线的研究》(*Recherchesur les courbes a double courbure*, 1731) 一书中不仅给出了一些曲面的方程, 而且明确了描述一条空间曲线需要两个曲面方程. 他还看出过一条曲线的两个曲面方程的某种组合, 如两个方程相加, 给出过这条曲线的另一曲面的方程. 利用这个事实, 他说明怎样能够得到这些空间曲线的投影的方程, 也就是求垂直于投影

图 2.6　克雷洛

平面的柱面的方程. 在 1700 年以前, 数学家们就已经从几何上知道了像球面、柱面、抛物面、双叶双曲面和椭球面等这样一些二次曲面. 克雷洛在他 1731 年的书中给出了这些曲面中某几个的方程. 他还说明了 x,y 和 z 的齐次方程表示定点在原点的一个锥面.

欧拉 (图 2.7) 也是三维解析几何的主要贡献者. 他在《无穷小分析引论》(1748) 第二卷第 5 章的一个附录中, 概括了自己以往在这方面的工作, 然后研究了一般的三元二次方程

$$ax^2 + by^2 + cz^2 + dxy + exz + fyz + gx + hy + kz = l.$$

图 2.7　瑞士法郎上的欧拉

欧拉企图通过坐标变换把这个方程化成这样的形式, 使它所表示的二次曲面的主轴正好是坐标轴. 他引进了从 xyz 坐标系到 $x'y'z'$ 坐标系的变换, 其方程是用

角 ϕ,ψ 和 θ 表示出来的. 如图 2.8 所示, 角 ϕ 是 xy 平面上从 x 轴到结点线 (即 $x'y'$ 平面和 xy 平面的交线) 间的夹角, 角 ψ 是 $x'y'$ 平面上 x' 轴和结点线间的夹角, 角 θ 就是图中所示 z 和 z' 的夹角. 因此, 包括平移在内的变换方程为

$$
\begin{aligned}
x &= x_0 + x'(\cos\psi\cos\phi - \cos\theta\sin\psi\sin\phi) \\
&\quad - y'(\cos\psi\sin\phi + \cos\theta\sin\psi\sin\phi) + z'\sin\theta\sin\phi, \\
y &= y_0 + x'(\sin\psi\cos\phi + \cos\theta\cos\psi\sin\phi) \\
&\quad - y'(\sin\psi\sin\phi - \cos\theta\cos\psi\sin\phi) - z'\sin\theta\sin\phi, \\
z &= z_0 + x'\sin\theta\sin\phi + y'\sin\theta\cos\phi + z'\cos\theta.
\end{aligned}
$$

欧拉就用这个变换把前述方程化成标准形, 而且得到了 6 种曲面：锥面、柱面、椭球面、单叶和双叶双曲面、双曲抛物面 (这是他发现的) 以及抛物柱面.

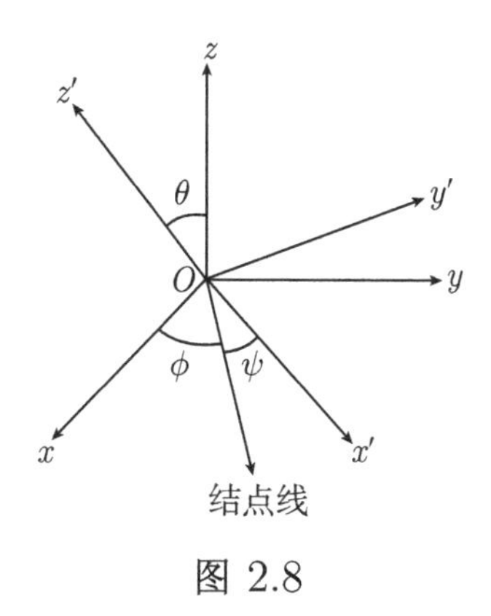

图 2.8

蒙日 (Gaspard Monge) 的著作也包含大量三维解析几何的内容. 他在 1802 年和他的学生合写的一篇论文“代数在几何中的应用”中证明了二次曲面的每一个平面截口都是一条二次曲线, 还证明了平行截面的截口是相似的二次曲线. 这些结果是对三维解析几何本身的贡献 [4].

18 世纪的数学家, 特别是克雷洛、欧拉和蒙日等关于三维解析几何的工作, 与他们的微分几何研究有密切关联. 他们的工作使解析几何的疆域从平面开拓到空间, 成为更加充满活力的数学分支.

第3章…………

意义篇

3.1 解析几何的实质

什么是解析几何？它的实质是什么？

本书从一开始就谈到解析几何的中心思想——数形结合. 具体地说, 数形结合的两大要素在于

(1) 坐标概念——点与数组的对应;

(2) 几何图形与代数方程的对应.

首先是坐标概念. 就平面情形而言, 通过建立"坐标系"引进所谓的"坐标"(图 3.1), 就是在平面上的点和有序实数对 (x,y) 之间建立一一对应的关系：每一对实数 (x,y) 都对应于平面上的一个点; 反之, 每一个点都对应于一对实数 (x,y). 实数对 (x,y) 即为现在所说的坐标.

可以说, 没有坐标系就没有解析几何, 但引进了坐标系并不等于建立了解析几何. 孤立的坐标架, 只是一个

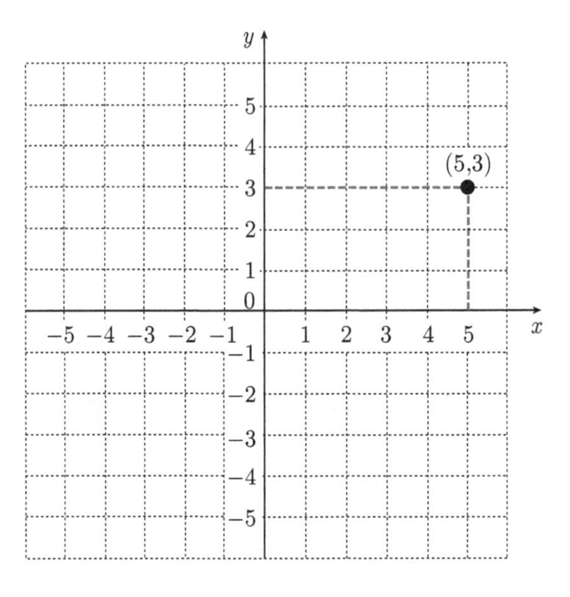

图 3.1 平面坐标系

静止的舞台. 解析几何的另一个实质要素是几何图形与代数方程的对应. 以平面情形为例, 给定一条平面曲线 L, 利用点的坐标概念, 可以建立 L 在坐标系 xOy 中的方程 $f(x,y)=0$, 使得 L 上任何点的坐标都满足这一方程, 而不在 L 上的任何点的坐标都不满足这个方程; 另一方面, 一个方程 $f(x,y)=0$ 的解集所对应的点集确定了平面上的曲线. 有了图形与方程之间的这种对应, 人们才可能通过方程借助于代数的工具来研究几何图形及其变化, 在坐标系的舞台上演出运动与变化的丰富壮丽的大戏!

3.2 代数与几何结合的威力

笛卡儿在《方法论》中宣称要“采取几何学和代数学中一切最好的东西, 互相取长补短”. 解析几何体现了代数与几何结合的威力.

这种结合在几何领域本身打开了全新的天地, 对此, 通过前面关于解析几何的发展的介绍已经可以领略. 其实, 笛卡儿本人在《几何学》中就充分显示了这种威力. 帕普斯问题的解决是他引以为自豪的例子.

“帕普斯问题” 原载于古希腊最后一位重要的数学家帕普斯 (Pappus, 约公元 300~350) 唯一的传世之作《数学汇编》(*Mathematical Collection*) 中. 《数学汇编》是一部荟萃总结前人成果的典型著作, 其中最有名的是关于曾被阿波罗尼奥斯研究过的如下问题的论述: 求与两定直线距离的乘积等于与另外两条定直线距离的乘积乘以一个常数的动点的轨迹. 这就是后来笛卡儿所称的“帕普斯问题”. 问题还可以类似地推广到 5 线、6 线乃至 n 条直线的情形. 帕普斯曾宣称, 当给定的直线是 3 条或 4 条 (即所谓三线或四线问题) 时, 所得的轨迹是一条圆锥曲线. 不过, 帕普斯并没有能证明自己的结论. 在他

之后的一千余年间，也无人能证明，遂成为旷古难题. 如前所述，笛卡儿在《几何学》中用实质上是解析几何的方法一举攻克了这个难题. 千年悬疑，一朝破解，这不啻是发聋振聩的一响春雷，也确是笛卡儿值得向世人夸耀的成果.

笛卡儿之后，数学家们将坐标方法应用于几何领域，特别是曲线、曲面的研究，大刀阔斧，势如破竹，硕果累累. 这些研究不借助于坐标方法是难以进行的. 这里仅举一例，就是牛顿关于 n 次曲线的直径理论[5].

设给定一条 n 次曲线 (即由两个未知数的 n 次代数方程表示的曲线)，那么与它相交的任意直线，一般来说，与它应有 n 个公共点. 设 M 是割线上这样的点，它是割线与所说 n 次曲线的这些交点的重心 (即分布在这些交点上的 n 个彼此相等的质点的重心). 可以证明，如果取所有彼此平行的割线，而且对于每条割线都考虑这样的重心 M，则所有这些重心点 M 处在同一条直线上. 牛顿把这条直线叫做 n 次曲线的直径 (对应于给定的割线方向).

设给定一条 n 次曲线和它的一些彼此平行的割线，如图 3.2 所示，选取这样的坐标轴，使得这些割线平行于坐标轴. 于是它们的方程就是 $y=l$, 其中, l 为随割线的不同而有差别的常数.

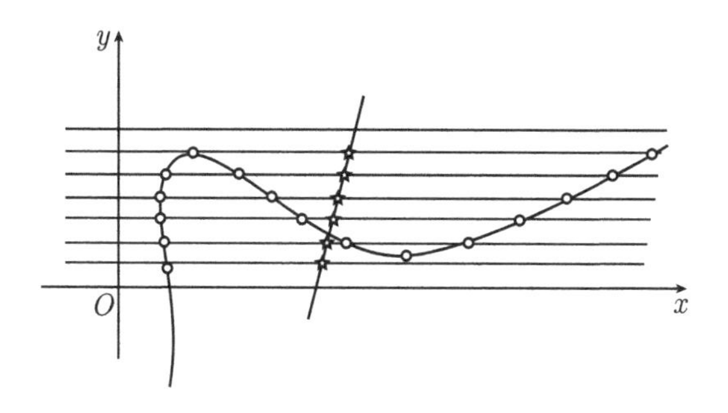

图 3.2

设 $F(x,y)=0$ 是该坐标系中表示所给 n 次曲线的方程 (可以证明, 当从一个直角坐标系过渡到另一个直角坐标系时, 虽然曲线的方程变了, 但曲线的次数将保持不变, 故 $F(x,y)$ 还是 n 次多项式). 为了求出所说曲线与割线的交点的横坐标, 必须联立地解方程 $F(x,y)=0$ 和 $y=l$, 一般来说, 结果得到的, 是 x 的 n 次方程 $F(x,l)=0$. 从这个方程可以求得横坐标 $x_1, x_2, \cdots, x_n$.

按重心的定义, n 个交点的重心的横坐标为

$$x_0=\frac{x_1+x_2+\cdots+x_n}{n}.$$

但另一方面, 从代数方程论可知, 方程诸根之和 x_1+

$x_2+\cdots+x_n$ 等于未知数的 $n-1$ 次项系数的相反数除以 n 次项的系数. 而因为 x 和 y 的指数之和在 $F(x,y)$ 中的每一项都等于或小于 n, 所以具有 x^n 的项根本不包含 y, 而有形状 Ax^n(其中 A 为常数). 而具有 x^{n-1} 的项即使包含 y 也不会高于一次, 即有形状 $x^{n-1}(By+C)$. 因此, x^n 的系数是 A, 而 x^{n-1} 的系数是 $(Bl+C)$. 于是对于已知的 l 就有

$$x_0=-\frac{Bl+C}{nA},$$

亦即

$$nAx_0+Bl+C=0.$$

但是割线平行于 Ox 轴, 它的全部点都满足 $y=l$, 因此, 割线与所说 n 次曲线交点的重心的纵坐标 y_0 也等于 l. 这样一来, 最终得到

$$nAx_0+By_0+C=0,$$

即所有这些割线的全部被考虑的重心坐标 x_0,y_0 都满足一次方程, 也就是说, 处在一条直线上. 当 n=2 时, 情形就变得简单易明, 但对于 n 次曲线的一般情形, 很难设

想如果不借助于坐标方法将如何进行.

解析几何的威力当然绝不限于几何领域, 笛卡儿就已将其应用于其他方面. 例如, 聚焦透镜设计, 透镜的截面曲线应该采取何种形状? 开普勒建议是某种圆锥曲线, 但长期争论不休, 悬而未决. 笛卡儿用坐标几何方法弄清了这个问题, 答案是某种卵形线, 即满足条件

$$FM \pm nF'M = 2a$$

的点 M 的轨迹, 其中 F, F' 为固定点, $2a$ 为大于 FF' 的任意实数, 当 $n = 1$ 时曲线就成为椭圆 (图 3.3).

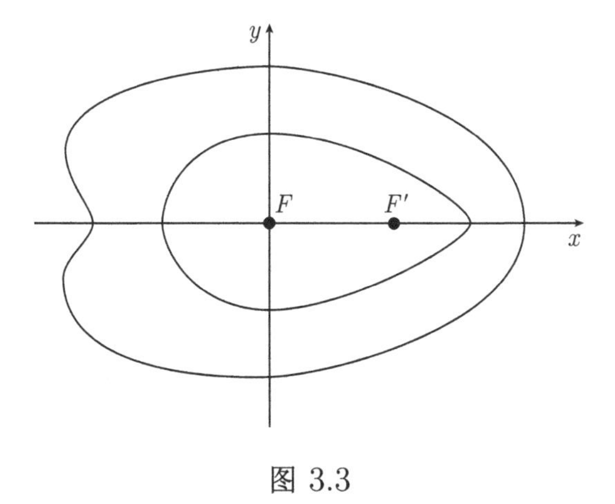

图 3.3

3.3 描述运动与变化的数学工具

在数学史乃至整个科学史上, 解析几何最伟大、深远的影响是为人类提供了描述运动与变化的数学工具, 特别是引导了微积分的创立.

恩格斯说过: "数学中的转折点是笛卡儿的变数 (量). 有了变数, 运动进入了数学. 有了变数, 辩证法进入了数学. 有了变数, 微分和积分也就立刻成为必要的了."

在笛卡儿和费马之前, 方程是静态的, 人们只关注如何求出方程的根. 在几何中, 虽然把曲线看成是点运动产生的轨迹, 但这种运动无法进行计算, 只有引进了变量, 把点的运动与坐标变化对应起来, 人们才掌握了描述运动与变化的定量数学工具.

事实上, 微积分的创立与解析几何直接相关. 在微积分酝酿阶段的前期, 数学家们的工作主要采用几何方法并集中于积分问题, 解析几何的诞生改变了这一状况. 解析几何的两位创始人笛卡儿和费马, 都是将坐标方法引进微分学问题研究的前锋. 前面已提到的笛卡儿《几何学》中求切线的所谓 "圆法", 本质上是一种代数方法.

求曲线 $y = f(x)$ 过点 $P(x, f(x))$ 的切线, 笛卡儿的

方法是首先确定曲线在点 P 处的法线与 x 轴的交点 C 的位置, 然后作该法线过点 P 的垂线, 便可得到所求的切线.

如图 3.4 所示, 过 C 点作半径为 $r=CP$ 的圆. 因为 CP 是曲线 $y=f(x)$ 在 P 点处的法线, 所以点 P 应是该曲线与圆 $y^2+(x-v)^2=r^2$ 的 "重交点"(在一般情况下, 所作的圆与曲线还会相交于 P 点附近的另一点). 如果 $[f(x)]^2$ 是多项式, 则有重交点就相当于方程

$$[f(x)]^2+(v-x)^2=r^2$$

将以 P 点的横坐标 x 为重根. 但具有重根 $x=e$ 的多项式的形式必须是 $(x-e)^2\cdot\sum c_ix^i$, 笛卡儿把上述方程有重根的条件写成

$$[f(x)]^2+(v-x)^2-r^2=(x-e)^2\cdot\sum c_ix^i.$$

然后用比较系数法求得 v 与 e 的关系, 代入 $e=x$, 就得到用 x 表示的 v. 这样, 过点 P 的切线的斜率就是

$$\frac{v-x}{f(x)}.$$

以抛物线 $y^2 = kx$ 为例, $y = f(x) = \sqrt{kx}$, 方程

$$kx + (v - x)^2 = r^2$$

有重根的条件为

$$kx + (v - x)^2 - r^2 = (x - e)^2.$$

令 x 的系数相等得 $k - 2v = -2e$, 即 $v = e + \frac{1}{2}k$. 代入 $e = x$, 于是次法距 $v - x = \frac{1}{2}k$, 求出抛物线过点 $(x, \sqrt{kx})$ 的切线斜率为

$$\frac{v - x}{f(x)} = \frac{k/2}{\sqrt{kx}} = \frac{1}{2}\sqrt{\frac{k}{x}}.$$

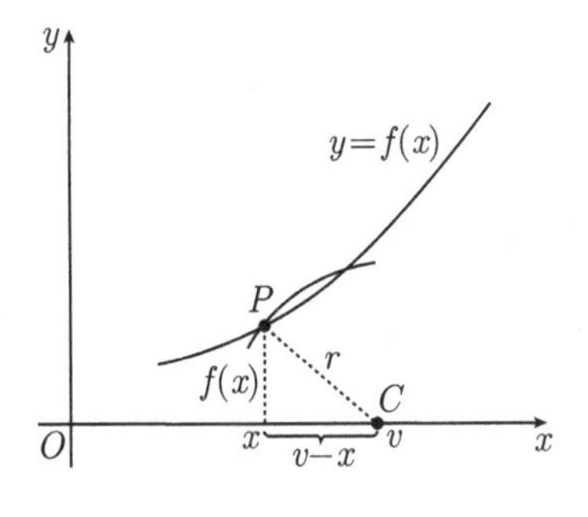

图 3.4

笛卡儿的代数方法在推动微积分的早期发展方面有很大的影响. 牛顿就是以笛卡儿圆法为起跑点而踏上研究微积分的道路的.

就在笛卡儿发表圆法的同一年, 费马在一份手稿中提出了求极大值与极小值的代数方法. 按费马的方法, 设函数 $f(x)$ 在点 a 处取极值, 费马用 $a+e$ 代替原来的未知量 a, 并使 $f(a+e)$ 与 $f(x)$"逼近", 即

$$f(a+e)\sim f(a).$$

消去公共项后, 用 e 除两边, 再令 e 消失, 即

$$\left[\frac{f(a+e)-f(a)}{e}\right]_{e=0}=0,$$

由此方程求得的 a 就是 $f(x)$ 的极值点.

例如, 费马用他的方法来确定怎样把长度为 b 的一个线段划分为两个线段 x 和 $b-x$, 使得它们的乘积 $x(b-x)=bx-x^2$ 最大 (即作一个周长为 $2b$ 的长方形, 使其面积最大). 首先, 用 $x+e$ 代替 x, 然后写出

$$b(x+e)-(x+e)^2\sim bx-x^2,$$

即

$$bx + be - x^2 - 2xe - e^2 \sim bx - x^2.$$

消去相同项得

$$be - 2xe - e^2 \sim 0,$$

两边除以 e 得

$$b - 2x - e \sim 0.$$

令 e=0 得 $b - 2x = 0$, 即有 $x = b/2$.

费马的方法几乎相当于现今微分学中所用的方法, 只是以符号 e(他写作 E) 代替了增量 Δx.

求切线, 求极大值和极小值以及求瞬时速度, 计算面积、体积等是刺激微积分诞生的主要科学问题. 在 17 世纪中叶, 解析几何使所有这些问题的研究都获得了本质的推进, 并最终融合为统一的无穷小算法 —— 微积分. 微积分至今仍然是探索运动与变化着的宇宙世界与人类社会的无可替代的强力武器.

3.4 数学机械化的先驱

已经说明,解析几何的发明人之一笛卡儿追求的,实际上是一个远比解析几何更为宏大的目标——发现真理的普遍方法,这种普遍方法是要将一切科学问题转化为求解代数方程的数学问题,这些代数方程则可以用一种标准的程序机械地、几乎自动地去解决,而《几何学》的主要篇幅正是讨论如何给出方程的标准解法. 换句话说,笛卡儿解析几何将欧几里得几何所需要的证明难题的各种技巧抛到一边,代之以代数的,或者毋宁说是机械的解题方法步骤. 可以说,笛卡儿提出了一个思维机械化的计划或纲领,他无愧是数学机械化的先驱.

笛卡儿曾希望"后人能给我以好评". 笛卡儿作为解析几何的创立者早已名垂青史,但他所希望的对他的数学机械化方案的"好评"却姗姗来迟.

作为一种机械化方案,笛卡儿方案花费了巨大的努力来讨论最后只含一个未知数的代数方程的标准求解,但却忽略了将多元方程组化约为单个一元方程的困难,而这种化约也是数学机械化的关键问题之一. 而他的解一元高次方程的标准作图法,由于计算的繁复,终究未能成为他所希望的“普遍方法”.

直到 20 世纪, 数学家波利亚作如是说:

“笛卡儿的计划失败了, 但它仍不失为一个伟大的计划, 而且即使失败了, 它对数学的影响也超过了偶尔获得成功的千万个小计划. 尽管笛卡儿的方案不是对所有的情形都可行, 但它确实对无穷多种情形有效, 其中包括无穷多种重要的情形.”

现代电子计算机的出现, 促使一部分数学家重温笛卡儿的数学机械化之梦, 一些有远见的数学家又将目光投向了数学机械化的代数方法, 开展了不折不挠的努力. 特别是中国数学家吴文俊在继承发扬中国古代数学传统、古为今用的基础上取得了难能可贵的进展. 这方面的介绍已超出本书的范围, 读者可以参见相关的文献 [6].

第4章…………

文 化 篇

在阐述了解析几何的创立、发展和意义之后，下面来对笛卡儿创立解析几何的文化内涵略作讨论. 事实上，正如贝尔所评论的，解析几何"是人类在精密科学思想史上所曾迈出的最伟大的一步[7]". 笛卡儿解析几何思想给后世留下了丰富的借鉴要素和教育营养，对整个人类文化思想史都具有启发意义.

4.1 笛卡儿的个性品质

笛卡儿具有鲜明而独特的个性品质，包括怀疑、批判的创新精神，合理继承前人成果的包容精神，不计功利的科学创造价值追求.

4.1.1 怀疑、批判的创新精神

西方哲学界普遍认为笛卡儿是近代理性主义的创始人. 在他的墓碑上刻着这样一句话：

笛卡儿

欧洲文艺复兴以来

为人类争取并保证理性权利的第一人[8]

他受业于法国图赖讷地区的拉·弗莱舍耶稣会学校,虽然他一直尊重其博学的老师,却藐视传统的知识(但对数学情有独钟).他“反对把真理的获得说成是上帝的恩典”[9],主张“以人人具有的理性(即‘良知’)为标准,对以往的各种知识进行认真的检查”[9].告诫人们要依靠自己去发现真理,解除对古人和权威的依附.这可从他的著名观点中窥见一斑:

“任何一种看法,只要我能够想象到有一点可疑之处,就应该把它当成绝对的虚假抛掉,看看这样清洗之后,我心里是不是还剩下一点东西完全无可怀疑.……我发现,‘我想,所以我是’这条真理是十分确实、十分可靠的,所以我毫不犹豫地予以采纳,作为我所寻求的那种哲学的第一条原理.”[9]

这种“笛卡儿式怀疑”是一种“批判的怀疑”,是他的理性精神的突出体现.

他的理性精神在数学上的表现也非常鲜明.他曾直截了当地批评古代的几何过于抽象,而且过多地依赖于

图形, 他对代数也提出了批评, 认为它完全受法则和公式的约束:

"古代人的分析 (指几何学) 和近代人的代数, 都是只研究非常抽象、看来毫无用处的题材的, 此外, 前者始终局限于考察图形, 因而只有把想象力累得疲于奔命才能运用理解力; 后者一味拿规则和数字来摆布人, 弄得我们只觉得纷乱晦涩、头昏脑涨, 得不到什么培养心灵的学问."

"我决心放弃那个仅仅是抽象的几何. 这就是说, 不再去考虑那些仅仅是用来练习思想的问题. 我这样做, 是为了研究另一种几何, 即目的在于解释自然现象的几何."[10]

4.1.2 合理继承的包容精神

笛卡儿不仅具有冷静鲜明的怀疑批判精神, 还能从前人的成果中虚心、合理地继承和发展.

他批评欧几里得几何的抽象和不实用, 但同时也非常坚信欧几里得几何的逻辑力量, 对那种从公理出发的严谨推理深信不疑. 他批判经院哲学方法, 倡导理性的演绎法, 而理性演绎法的标本就是传统的几何学的逻辑推理方法.

他不满代数的呆板和晦涩，但同时也格外推崇代数，尤其是方程的魅力. 他独具慧眼，觉察到代数是一门具有普遍意义的潜在方法的科学. 韦达符号代数学的出现，在很大程度上影响和鼓舞了他，他相信代数完全可以作为一种有效的方法加以应用，甚至他自己表示要完成韦达未竟的事业.

怀疑，不是无限度的怀疑，而是探询到真理的起点；批判，并非全盘的批判，而是保证兼容的合理；继承，也不是盲目的继承，而是坚持选择的理性. 显见，笛卡儿将怀疑批判的创新精神和合理继承的包容精神进行了有机的融合统一.

4.1.3 高尚、平实的人生价值追求

科学创造首先要在人生价值观上有一个终极追求. 毫不过分地说，笛卡儿是世界史上让人时刻注意着的伟大人物. "但在他的一生中，并没有什么轰轰烈烈的壮举激动人心，也没有什么可歌可泣的事迹供人凭吊，他只是把自己的全部精力贡献给了科学…… 他不是声名煊赫的神学博士…… 他虽然不像斯宾诺莎那样贫穷，却也不像莱布尼茨那样富贵…… 他终生未娶，没有享受过家庭生活的幸福，他身体孱弱，曾遭受落后势力的

反对, 讲学受到限制, 著作列为禁书……”[9] 散见于笛卡儿哲学著作和通信集中笛卡儿本人的一些话语, 以及笛卡儿一生的生活踪迹都足以证明：笛卡儿是一个有着崇高理想、不慕荣华、不计功利、过普通而平实生活的伟人. 关于他的生活踪迹, 在此不作述评, 只是很值得对笛卡儿的《谈谈方法》[9] 中的一些话语加以品味. 虽然以下所截取的只是只言片语, 但由此也不难发现笛卡儿的人生价值追求：

“我深知我这个人是没有办法在人世间飞黄腾达的, 我对此也毫无兴趣, 我永远感谢那些宽宏大量、让我自由自在地过闲散日子的人, 并不希望有人过我尘世上的高官显位.”

“人的主要部分是心灵, 就应该把主要精力放在寻求智慧上, 智慧才是他真正的养料.”

“我还有点志气, 不愿意有名无实, 所以我认为自己无论如何一定要争口气, 不负大家对我的器重. 整整八年, 我决心避开一切可能遇到熟人的场合, 在一个地方隐居下来.”

“我要把我的一生用来培养我的理想, 按照我所规定的那种方法尽力增进我对真理的认识.” 以此“继续教育我自己."

"永远只求克服自己, 不求克服命运, 只求改变自己的愿望, 不求改变世界的秩序."[9]

细细品来, 这些话语的确深刻反映了笛卡儿崇高而平实的人生价值追求. 如果说笛卡儿一生并没有什么轰轰烈烈的壮举激动人心, 也没有什么可歌可泣的事迹供人凭吊, 那么后世也依然会肃然起敬. 笛卡儿不仅是迷人的, 也是动人的, 仅仅是他的这种人生价值追求.

4.2 笛卡儿创立解析几何的心路历程

笛卡儿创立解析几何思想是数学史上的划时代篇章, 对数学发展具有重要意义. 而笛卡儿的数学创造过程和其所反映的心智活动规律是数学史和科学史上的经典范例.

4.2.1 创造的心理基点 —— 笛卡儿对数学的价值追求

价值追求是客体与人的需要之间的关系, 是人的一种观念体系和综合性信念. 这种观念体系和综合性信念通常充满着情感, 用以辨别是非, 作出决定, 并为自认为正当的行为提供充分的理由. 数学来源于实践并服务于实践, 数学是数学家的创造. 因此, 数学的价值追求特指数学家进行数学活动时, 对数学本质与特征的坚定而合理的判断, 并努力使数学向着具有最高理论价值和实践价值的方向发展的观念和信念.

笛卡儿一生并未把更多的时间投入数学, 但他的数学信念, 尤其是决心要将代数与几何统一起来的信念, 是坚定而深刻的. 笛卡儿曾多次表明他的数学信念. 归纳起来, 笛卡儿认为: 数学方法是获得一切科学知识和解决一切科学问题的普遍工具; 有用的数学方法才能对一切自然现象给予解释并作出证明; 代数是一门具有普遍意义的潜在方法的科学; 取代数与几何的精华, 建立普遍的、统一的"通用数学". 这种信念直接影响了笛卡儿数学思想的形成和发展. 应该说, 这种数学信念也是笛卡儿创立解析几何思想的行动指南. 在解析几何思想的形成过程中, 笛卡儿把这种信念演绎得精彩绝伦, 尽管他的名言中关于"一切"的表述显得有些轻率, 或者还只是一个"美丽的传说".

爱因斯坦认为, "坚信宇宙在本质上是有序的和可认识的这一信念, 是一切科学工作的基础", 并进而认为, 科学创造需要科学家对和谐的宇宙图景认识上的追求,即一种强烈的“宇宙宗教感情”[11]. 如果说, 数学是人类以其深刻的思想方法和独特的精神力量对现实世界进行的高层次建模活动的结果和过程, 那么笛卡儿创立解析几何思想让我们看到: 笛卡儿饱含“宗教式感情”的终极数学观和坚定的数学信念是数学发明创造的心理基点.

4.2.2 创造的深层动力 —— 笛卡儿的审美直觉

审美是人的一种心理活动, 是个体对客观现实中事物的美的反映, 即美的态度体验. 直觉是指个体未有意识思维, 即不需经过逻辑思考和反省的思维就对认知对象的本质作出直接的判断和把握. 审美直觉是指审美对象的美感形象刺激人的视听感官, 引起神经系统兴奋, 再经过感知、想象、猜测等心理活动, 跃过逻辑推理程序, 瞬间得到对审美对象的本质和整体结构的把握. 非自觉性、直接性、猜测预感性、情感倾向性是审美直觉的基本特征. 在数学创造中, 审美直觉至关重要. 在大多数情况下, 审美的准则压倒了对所获科学进展的所有其他严肃和客观的准则, 而这类进展在数学思想的各个分支中都可能出现, 并且具有头等重要性.[12]

从笛卡儿解析几何思想形成的过程中可以发现, 笛卡儿对单位量和比例式情有独钟. 对于单位量, 他在《几何学》中的第一句话就是: "任何一个几何问题都很容易化归为用一些术语来表示, 使得只要知道直线段的长度的有关知识, 就足以完成它的作图." 笛卡儿引进单位线段的目的是把它同数尽可能紧密地联系起来, 实际上, 这是数形结合最基础的一步. 和最先引进所谓的单位量一样, 笛卡儿也最先引进了比例式 $1:x=x:x^2$. 他认为在 $1:x=x:x^2$ 这个式子中, x 只通过一个 "关系"(指比) 跟单位量联系在一起, x^2 则通过两个 "关系" 与单位量发生关系, 这样如两个线段积的形式就可以通过代数运算进行, 而不具有维数的意义. 其实, 在笛卡儿看来, 比例关系不仅是单纯的数学关系, 而且是事物存在的关系, 也即是命题间所表现的因果关系. 依此, 他还提出了惯性定律, 证明了光的反射和折射定律.

单位量和比例式的引入非常突兀却俨然神来之笔, 应该说, 这是笛卡儿创造性思维中的一种审美直觉. 在解析几何思想形成的过程中, 单位量和比例式的引入是使接下来的各个步骤水到渠成, 并最终形成解析几何思想的决定因素, 也是笛卡儿创立解析几何思想的深层动力.

4.2.3 创造的基本途径——笛卡儿对知觉对象的选择与组合

选择是人的一种知觉品质和价值观之一, 是指个体有意识地对知觉对象作出符合自己价值评判标准的判断. 庞加莱在谈起数学发现的心智活动规律时, 提出如下的观点: "所谓发明者, 实甄别而已, 简言之, 选择而已. 数学的发明发现, 就是要在数学事实的无穷无尽的组合之中, 选择有用的组合, 抛弃无用的组合, 从而取得有用的新的数学成果."[13]

不难发现, 笛卡儿创立解析几何过程中的多个环节都有效地进行了多种选择和组合. 例如, 引入变量是最关键的选择, 方程与曲线一一对应、形成核心概念是最有效的组合等.

4.3 笛卡儿解析几何的思想史渊源

审视一位数学家的数学思想, 不仅要看他是怎么做的, 做了什么, 还要看他是怎么想的, 甚至要看是什么样的历史背景和思想渊源影响着他这样想. 虽然对笛卡儿数学思想的文化内涵作了多维度分析, 但一个新的问题值得考虑：笛卡儿何以有如此思想呢？

历史无法复制, 智慧不能印刷, 数学家写出来的和说出来的, 相对于他的思想, 永远都是局限的, 这使得后人很难以逻辑地演绎"定理", 推证出其可能是诸多因素融合的活生生的思想形成的"真实"成因. 但尽可能遵照历史的客观, 把个人臆断控制在最小范围内, 最大限度地把握数学家思想的逻辑脉搏和其所处时代的场面, 探寻其思想形成的"概然性"成因, 或许不是一种徒劳. 对此, 在本节中, 将试图从科学认识论的角度来挖掘笛卡儿创立解析几何思想的思想史渊源.

4.3.1 科学认识论的含义

认识论是关于总结人类认识经验、探讨人类认识规律的哲学理论.

科学认识的本质具有两方面的含义：其一, 它是对客观存在和客观规律的反映; 其二, 它是科学家的创造[14]. 科学家的认识活动是在反映基础上的创造, 又通过创造达到对客观规律性的更深刻的反映. 科学认识是反映与创造的辩证统一. 但反映与创造是两种不同的品格, 它们从不同方面规定了科学认识的本质. 反映的品格决定了科学认识对已有事物的追求, 创造的品格决定了科学认识对尚未出现的事物的追求. 科学家尽可能如实地反映客观对象的本质, 同时, 在遵守客观事物发展规律和人的认识规律的前提下, 又要尽力地发挥自己的创造性. 从这个意义上说, 科学认识受客观历史条件 (包括认识对象发展状况和各种社会的、认识的条件与状况) 的制约与影响, 又对历史条件具有一定的超越性.

因此, 科学思想史的研究要求了解科学发展的全过程, 用鲜明的笔触勾勒出历史流动的径迹. 也就是说, "在探索过程中, 让我们看到人类进行科学活动的历史, 仿佛像一个向着未来和人类精神活动的各个领域无限展开的网络."[15] 而这个网络是由 "历史的纬线" 和 "理性的经线" 构成的. "历史的纬线" 就是指历史上的人和事只能放在特定的历史背景下去理解, 超越历史就会失去真实意义; "理性的经线" 是指科学家的思想具有一定的自由度, 在相同的历史条件下, 不同的科学家可以做出不同的创造.

笛卡儿创立解析几何思想既是特定历史条件下的产物 (这在前面笛卡儿创立解析几何思想的社会背景中已基本阐述), 也与笛卡儿对客观世界的独特认识模式紧密相关.

4.3.2 笛卡儿的认识模式——理性的经线

“科学认识模式是关于科学认识的结构、程序和方法的一般规则”[14], 其主要内容包括科学认识的要素及要素之间的关系, 科学认识的阶段和步骤及各自的功能, 科学理论构建的一般原则等.

笛卡儿的认识模式可以概括为以普遍怀疑为启动环节, 以直观演绎为核心, 以数学方法为模板的认识程序理论.

1. 笛卡儿认识模式的启动环节：普遍怀疑

前文已论及, 笛卡儿具有一种坚定而强烈的理性精神, 即批判的怀疑精神. 事实上, 笛卡儿的批判怀疑也是一种“普遍怀疑”, 是笛卡儿认识论的基础, 也是笛卡儿认识模式的启动环节. 笛卡儿在其《哲学原理》一书的开始就指出：

“绝不把任何我没有明确地认识其为真的东西当作真的加以接受, 也就是说, 小心避免仓促的判断和偏见, 只把那些十分清楚明白地呈现在我的心智之前, 使我根本无法怀疑的东西放进我的判断之中.”[16]

在此基础上, 笛卡儿又鲜明地表达：

“要想追求真理,我们必须在一生中尽可能地把所有的事物都来怀疑一次.”[16]

这就是“普遍怀疑”的基本内涵.

黑格尔曾把笛卡儿的哲学观点归纳为两点:第一,笛卡儿首先从思维本身开始,这是一个绝对的开端,因而声称必须怀疑一切,即抛弃一切假设.这是笛卡儿的第一个命题.第二,必须抛开一切成见,即一切被直接认为真实的假设.从思维开始,才能达到确实可靠的东西,得到一个纯洁的开端[17].这里提示的两个要点是怀疑一切和肯定思维.

而罗素(B.Russell,1872~1970)认为:“笛卡儿‘普遍怀疑’方法在哲学上非常重要,按逻辑讲,显然怀疑要在某处止住,这方法才能够产生积极结果.假若逻辑知识和经验知识双方都得有,就必须有两种怀疑止点:无疑问的事实和无疑问的推理原则.”[18]

根据黑格尔和罗素的观点,对比笛卡儿普遍怀疑的原则,不难理解,笛卡儿的两种怀疑止点一个是“我思故我在”;另一个是数学方法是获得一切科学知识和解决一切科学问题的普遍工具.

2. 笛卡儿认识程序的核心: 直观–演绎方法

笛卡儿认为, 真理性的认识只能来自于理性的直观和对直观到的公理的演绎展开. 认识自然界客观规律的基本方法就是用理性的逻辑思维, 从直观地认识的 "首要和基本原则" 中演绎出这些规律. 正如他所说:

"离开理性直观和演绎, 就不可能获得科学知识."

"除了自明性的直观和必然性的演绎之外, 人类没有其他途径用来获得确定性的知识."[16]

所谓直观, 就是对基本的、清楚明白的、不证自明的真理的直接了解. 笛卡儿指出:

"直观指的不是感觉的易变表象, 也不是进行虚假组合的想象所产生的错误判断, 而是由纯净而专一的心灵所构想的概念. 这种概念的产生是如此简易而清楚, 以致对于认识的对象, 我们完全无需加以怀疑."[16]

所谓演绎, 笛卡儿指出:

"从已经确实地认识到的其他事实出发所进行的全部带必然性的推理".[16]

演绎的任务就是从第一原理推演出一切知识. 笛卡儿把演绎作为 "认识的补充方法". 需要这种方法乃是对象本身的要求, 因为许多事物虽然不是由它们本身的证据直接把握(即直观认识到的),但却是由心灵的、持续的、不间断的活动从真实的、自明的原则推演来的.

因此,在笛卡儿的认识程序理论中,最核心的内容是作为其知识哲学中心要素的直观–演绎方法. 笛卡儿的直观–演绎法是由互相连接的两个认识环节——直观和演绎组成的. 在他看来,真理性认识只能来自于理性的直观和对直观到的公理的演绎展开. 笛卡儿的直观–演绎法则不仅是一种说明的逻辑,而主要是一种发现的逻辑.

3. 笛卡儿的认识程序理论:四段图式

笛卡儿在《方法论》中提出了4条认识规则:

"凡是我没有明确认识到的东西,我决不把它当成真的接受. 也就是说,要小心避免轻率的判断和先入之见……"

"把我所审查的每一难题按照可能和必要的程度分成若干部分,以便一一妥为解决."

"按次序进行思考,从最简单、最容易认识的对象开始,一点一点逐步上升,直到认识最复杂的对象;就连那些没有先后关系的东西,也给它们设定一个次序."

“在任何情况下,都要尽量全面地考察,尽量普遍地复查,做到确信毫无遗漏.”[9]

认真分析不难发现,这里的第一条即是普遍怀疑和直观方法,第二条是由具体到抽象的分析方法,第三条是由一般到个别的演绎方法,第四条则是归纳过程.这正是笛卡儿认识程序理论的基本框架.综上,可以勾勒出笛卡儿认识程序理论的图式(图 4.1).

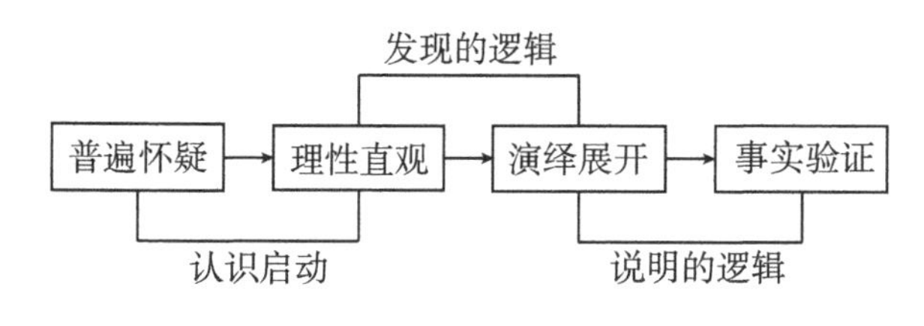

图 4.1 笛卡儿的科学认识程序

4. 笛卡儿认识模式的模板:数学方法

笛卡儿认为直观–演绎法的基础就应该是数学.他把数学视为一种特殊知识,而且把它当成一种科学规范和普遍方法,这也是他致力于数学研究的主要目的之一.在他看来,数学中借已知求未知,并循着一定的次序和途径由一个问题到另一个问题的方法完全适用于整个自然科学,而且自然界最基本和最可靠的性质必定服从于数学规律. 最能说明问题的归根结底是那几句名言: 一切问题都可归结为数学问题; 一切数学问题都可归结为代数问题; 一切代数问题都可归结为解方程问题.

但是, 笛卡儿似乎已经看到了由于数学同经验自然科学在研究对象上的差异所导致的将数学方法直接运用于科学认识中的困难. 前文已论及, 他对几何学和代数的批评是深刻的, 于是他对数学方法加以改造, 以便找到一种包含这两门科学的好处的方法.

“我考虑到古今一切寻求科学真理的学者当中, 只有数学家能够找到一些证明, 也就是一些确切的推理, 于是毫不迟疑地决定就从他们所研讨的这些东西开始.”

“我特别喜欢数学, 因为它的推理确切明了. 可是我还看不出它的真正用途, 想到它一向只是用于机械技术, 心里很惊讶, 觉得它的基础这样牢固, 这样结实, 人们竟没有在它的上面造起崇楼杰阁来.”[9]

这既表达了笛卡儿对数学方法精确性与严格性的坚定信念, 也表明了他试图重新改造数学的决心. 无疑, 这种观念深刻地影响着笛卡儿的创造理念.

4.4 笛卡儿创立解析几何的外部文化环境

笛卡儿创立的解析几何是特定社会历史条件下的产物.

穿越中世纪的漫漫长夜, 古希腊理性精神的光辉在欧洲高扬, 自由、独立和创造的欲望开始膨胀, 科学的种子破土成长, 人类迎来了现代文明的曙光. 文艺复兴运动是人类自发性青春与成熟智慧的放歌, 给欧洲以至于全人类带来了最具深刻意义的文化思想革命. “如果对这一时期欧洲的思想作以概括, 一个基本特征就是它的活力.”[19] 洗刷偏见之尘, 驱散迷信之气, 挣脱教条之网, 突入神学禁区, 人类思想显示出空前浩荡的变革能力.

哥白尼提出了日心说, 从根本上动摇了从欧洲中世纪以来的宗教神学关于上帝创世和地球为宇宙中心的理论基础, 为在朦胧黑暗中认识自然的人们指出了科学的 “太阳”, 自然科学开始从神学中解放出来. 开普勒带着一颗对太阳的崇拜之心发现了行星沿椭圆轨道绕太阳运行, 既给予日心说以强有力的支持, 同时这位 “天空的立法者” 也找到了天体运行的朴素数学模型. 伽利略是近代实证科学的全面开拓者,他把系统的观察和实验同严密的逻辑体系以及数学方法结合起来,形成以实验事实为根据的系统的科学理论,这是人类思想史上最伟大的成就之一.

由思想所创造的世界观念经常像扳道工一样,决定着利益的火车头所推动的行动轨迹.激动人心的思想直接渗透于社会生活的各个方面:机械的广泛使用带来了高效的生产方式;航运事业如火如荼地发展;中华四大发明的西传,启发了欧洲人的智慧,使生产和技术受益匪浅;渴望蓬勃发展的资本主义,内部经济结构充满活力.诸条件的作用使欧洲社会生产力得到了高度发展,对科学的呼唤也愈发迫不及待,生产刺激着科学的进步.思想、生产、科学,如三江交汇,融合成一股最精致的文化之泉,成为时代的主旋律.

社会的变革推动了17世纪早期数学的进步.人们在生产实践中积累起古人所无法企及的大量经验,给数学提供了丰富素材;新的生产技术的应用也带来了许多实际问题,要求数学给以理论上的说明.当时,数学依然是一个几何体系.这个体系的核心是欧几里得几何,而欧几里得几何虽有严密的公理化逻辑体系,但仅局限于对直线和圆所组成图形的演绎. 面对椭圆、抛物线这些新奇图形, 欧几里得几何力不从心. 代数在当时则居于附庸的地位, 对此也是一筹莫展. 于是促使人们去寻找解决问题的新的数学方法. 古希腊阿波罗尼奥斯的《圆锥曲线论》已在几何形式上包括了圆锥曲线及方程的几乎全部性质, 但他的几何学仅是一种静态几何, 既没有把曲线看成是一种动点的轨迹, 更没有给出它的一般表示方法. 新科技成果使人们发现, 圆锥曲线不仅是依附在圆锥上的静态曲线, 而且与自然界物体运动密切相关. 这使尘封已久的阿波罗尼奥斯研究过的圆锥曲线重新得到重视, 人们对运动的研究开始津津乐道. 代数虽然一直发展比较缓慢, 但法国数学家韦达创立的符号代数学率先自觉而系统地运用字母代替数量, 带来了代数学理论的重大进步, 使代数学从过去以分析解决特殊问题、偏重于计算的一个数学分支, 转变成一门研究一般类型和方法的学科, 也使代数依赖于几何的地位开始逆转. 这为由几何曲线建立代数方程, 并由代数方程来研究几何曲线铺平了道路.

经过文艺复兴后, 数学观和数学方法论也发生了重大变化. 欧洲人继承和发展了希腊的数学观, 认为数学是研究自然的有力工具, 天文学家和物理学家更是把数学当成真理来信仰. 哥白尼从原则上与亚里士多德的物理主义数学观划清界限, 为宇宙论的彻底数学化提供了行动纲领; 开普勒始终确信, 完美的知识总是数学的, 几何学是宇宙的基础; 伽利略认为, 宇宙大自然的奥秘写在一本巨大的书上, 而这部书是用数学语言写成的, 没有数学, 人们就将在一个黑暗的迷宫里徒劳地游荡. 正是这样的数学观为数学方法论开辟了一条广阔途径. 哥白尼、开普勒把数学应用于天文学, 伽利略把数学应用于力学, 即是明证.

笛卡儿和费马恰恰都幸运地生活在这样一个时代, 并受惠于这个时代. 解析几何也正是在这生机勃勃的历史区间里结出的智慧硕果.

尾声：回到笛卡儿之梦

列车在德国南部的巴伐利亚高原上奔驰. 天色向暮, 多瑙河在夕阳下泛着粼粼波光. “乌尔姆!” 同行的旅伴喊道. 乌尔姆, 笛卡儿的梦乡! 历史的车轮已经转过了近四个世纪, 车窗外掠过的古老教堂和现代建筑述说着世界的巨变沧桑. 在人类改造自然和走向现代社会的巨变中, 由笛卡儿的科学梦想引发的科学思想应该说起着不容忽视的作用. 科学的梦想也即科学的理想, 科学的理想是科学创新的思维原动. 世界需要科学, 科学需要梦想, 梦想需要梦乡.

参考文献

[1] 李文林. 数学珍宝：历史文献精选. 北京：科学出版社, 1998.

[2] 吴文俊. 世界著名数学家传记. 北京：科学出版社, 1995.

[3] 吴文俊. 世界著名科学家传记, 数学家. VI. 北京：科学出版社, 1994.

[4] 克莱因 M. 古今数学思想 (第二册). 朱学贤等译. 上海：上海科学技术出版社, 2009.

[5] 亚历山大洛夫 A D 等. 数学 —— 它的内容、方法和意义 (第一卷). 孙小礼, 等, 译. 北京：科学出版社, 1984.

[6] 李文林. 笛卡儿之梦. 北京：高等教育出版社, 2011.

[7] Bell E T. 大数学家. 井竹君, 等, 译. 台北：九章出版社, 1998.

[8] 皮埃尔 · 弗累德里斯. 勒内 · 笛卡儿先生在他的时代. 北京：商务印书馆, 1997.

[9] 笛卡儿. 谈谈方法. 王太庆, 译. 北京：商务印书馆, 2000.

[10] 笛卡儿. 笛卡儿思辨哲学. 尚新建, 等, 译. 北京：九州出版社, 2004.

[11] Einstein A. 爱因斯坦文集. 第 1 卷. 北京：商务印书馆,

1997.

[12] Kapur J N. 数学家谈数学本质. 王庆人, 译. 北京：北京大学出版社, 1989.

[13] 庞加莱. 科学与方法. 李醒民, 译. 北京：商务印书馆, 1983.

[14] 林德宏, 肖玲等. 科学认识思想史. 南京：江苏教育出版社, 1995.

[15] 许良英. 历史理性论的科学史观刍议. 自然辩证法通迅, 1986, (3)：11.

[16] 笛卡儿. 哲学原理. 北京：商务印书馆, 1958.

[17] 黑格尔. 哲学史讲演录 · 第四卷. 北京：商务印书馆, 1978.

[18] 罗素. 西方哲学史 · 下卷. 何兆武, 李约瑟, 译. 北京：商务印书馆, 1981.

[19] 罗兰 · 斯特龙伯格. 西方现代思想史. 刘北成等译. 北京：中央编译出版社, 2004.